7号人轻松粘土手账

猴子酱的秘密花园

7号人　糖果猴　著

机械工业出版社
CHINA MACHINE PRESS

这是一本“猴子酱”和她的“小喵”的粘土物语。用手账的形式，记录日常生活中接触花花草草的趣事，同时设计出充满创意的粘土形象，教你制作装饰生活的小作品。粘土制作教程由简到繁，配以大量的步骤图，让你循序渐进地掌握制作方法。学习粘土制作的同时，还能了解手账的制作小技巧，让学习手工的过程更加有趣、有爱。本书中所有粘土形象均为7号人原创，作为粘土领域非常有影响力的达人之一，7号人粘土作品的品质得到了诸多国际文创品牌的认可。

图书在版编目（CIP）数据

7号人轻松粘土手账. 猴子酱的秘密花园 / 7号人，糖果猴著. — 北京：机械工业出版社，2017.5

ISBN 978-7-111-56773-8

Ⅰ. ①7… Ⅱ. ①7… ②糖… Ⅲ. ①粘土—手工艺品—制作 Ⅳ. ①TS973.5

中国版本图书馆CIP数据核字(2017)第099877号

机械工业出版社（北京市百万庄大街22号 邮政编码100037）

策划编辑：谢欣新 孟 幻　　责任编辑：谢欣新 杰 群

封面设计：7号人工作室　　责任校对：王 欣

责任印制：李 飞

北京新华印刷有限公司印刷

2017年6月第1版 · 第1次印刷

145mm×200mm · 3.875印张 · 156千字

标准书号：ISBN 978-7-111-56773-8

定价：29.80元

凡购本书，如有缺页、倒页、脱页，由本社发行部调换

电话服务	网络服务
服务咨询热线：（010）88361066	机 工 官 网：www.cmpbook.com
读者购书热线：（010）68326294	机 工 官 博：weibo.com/cmp1952
（010）88379203	金 书 网：www.golden-book.com
封面无防伪标均为盗版	教育服务网：www.cmpedu.com

前言

从2000年开始创作粘土形象和教程，笔者至今已完成了成百上千个作品。创作这些粘土的过程，笔者始终认为是最为神秘有趣的。为了把这份乐趣传递给各位土友，笔者决定用手账的形式来创作编排，以便让大家全方位地体会粘土创作的全过程。在这本书中，笔者为大家设定了一个可爱的粘土形象——“猴子酱”，她将和自己的爱宠“小喵”一起，带领大家进入一个个精彩详尽的可爱粘土制作教程，让学习粘土手工的过程变得有趣、有爱。其实大家有没有感觉，自己就是书中的主人公呢——那个机智又美丽、文艺又友善的小美女。希望这本书能让大家爱不释手，更希望这本书能为大家带来快乐。

7号人

2017年5月

《猴子酱的秘密花园》这本书里记录的是猴子酱接触花花草草的各种闹剧，还有因此获得的制作饰品的灵感，希望大家喜欢。接下来就让我们开始吧！
大家好，我就是最近迷恋上花花草草的猴子酱。小喵快来和大家打招呼！
喵~喵~

Cues.

Notes.

LOOK!

工具

我们以后用这些 制作书中的粘土作品哦！

这里介绍的工具都是猴子酱进行粘土创作时最信赖的小伙伴，今天把它们隆重介绍给大家，希望你们以后也用得着。

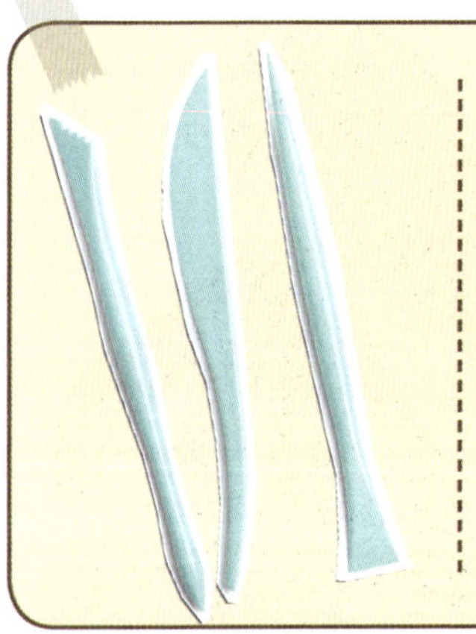

基础三件套

这是最常用到的粘土制作工具，别看它简单，每个头的功用发挥好了，可以制作出很多出色的作品哦。

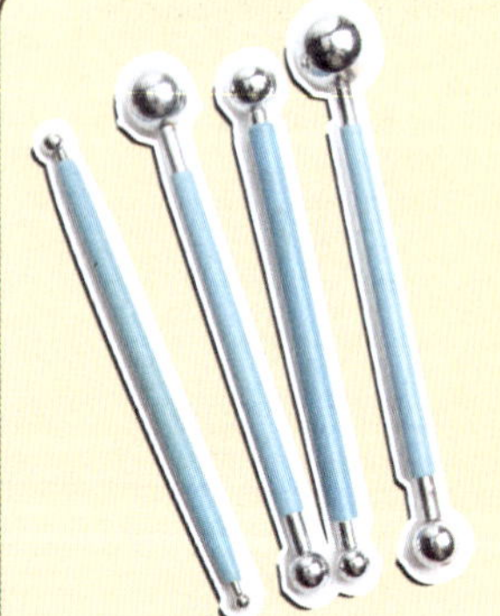

球形工具

球形工具是制作花卉类粘土作品的必备工具，它每个头都配有不同大小的球形，可以随心制作不同大小的花卉花瓣。用它来制作花盆等器皿也会得心应手。

Summary.

Cues.

LOOK!

Notes.

剪刀

这种最常见的家庭工具也会频繁用到粘土制作中。这里要注意的是，剪刀的刀锋处一定要保持清洁，这样用剪刀剪下的粘土才整齐漂亮。

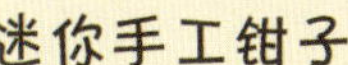

迷你手工钳子

制作花卉的花枝会用到钳子，右图是一把迷你手工钳子，女孩子用比较省力。没有的话。家里普通的钳子也没问题。

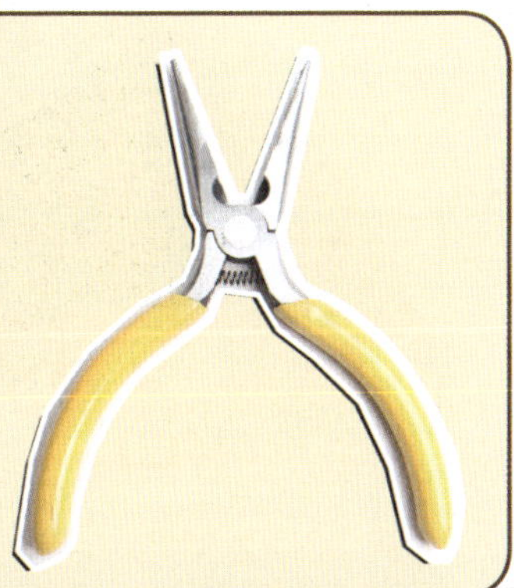

刀片

制作软陶类的粘土作品会用到刀片，它切割利落工整，非常实用。不过不用的时候请妥善保管，以免划伤。

插板

制作花卉类的粘土作品难免会制作很多枝枝杈杈，在它们没有干燥的情况下平放会变形，这时候插板就派上大用处了。

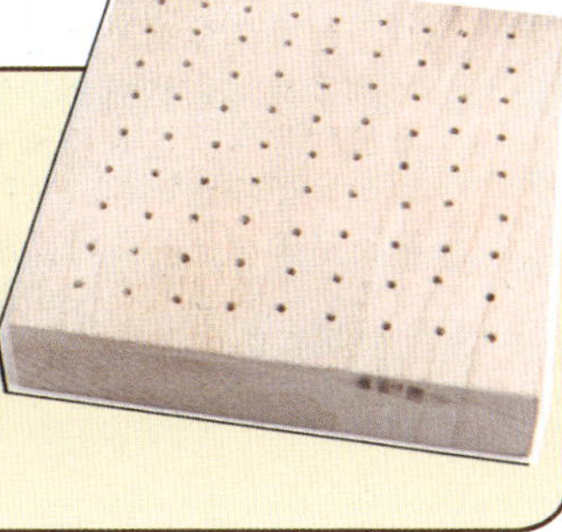

Summary.

Month

Week

做饰品的最佳选择

软陶&超轻纸粘土

1.

2.

美国土

美国土是需要烤制的，但是不能太高温。猴子酱自己实践的经验是，烤箱上下一起，100℃的情况下10分钟，基本上小零件都会烤好。刚刚烤出来的东西会比较软，冷却以后就会变硬，当然这个会因烤箱的牌子不同而有差别，大家自己实践一下，看看自己的烤箱适合什么温度和时间。记得小马过河的故事哦，凡事要自己实践才是真理！

3.

上图的软陶在手工圈里被叫作美国土。这种超级粘土低温泥是世界知名的顶级塑性专用粘土，是造型师的最爱，是全球造型师、模型塑形爱好者最为广泛使用的手办造型材料。美国魔幻大片《哈利·波特》《魔戒》等原型均是使用这种美国土制作而成。材料适手，便于修改，无需翻模，可以直接上色和雕刻。因为它的性能好，比传统软陶优秀很多，所以有了自己的名字。这种软陶有很多的颜色，丰富到你都不用自己混色，而且还有很多带特殊肌理的软陶，更有大家都非常喜爱的半透明色，猴子酱每次在买美国土的时候都情不自禁地买些透明色，根本不管自己用不用得到，哈哈！

猴子酱就是控制不住购买欲的典型，这 4.
一点尤其表现在购买粘土装备上，遇见新品总忍不住要试一下，遇见漂亮的也要买一个，总觉得自己少一样装备，所以一直处在买买买的死循环中，别学我啊！

虽然尝试新的粘土品类确实可以为创作带来不少新的启发，不过凡事够用就好。今天介绍的两款粘土是经过猴子酱很长一段时间对众多产品的实验,从中挑选出来觉得最适合大家使用的。希望能帮大家少走弯路。用软陶做饰品类，超轻纸粘土做摆件类基本就够用了，等大家学习了一段时间以后可以摸索一些其他的产品。

5.

超轻纸粘土

超轻纸粘土的出现大大降低了玩粘土的门槛，相对软陶,它价格便宜，易上手捏塑，颜色丰富，混色容易。非常适合大、小朋友们。自然风干的特点也省去了烤制的麻烦，降低了设备上的支出。下图是一款韩国粘土，含有树脂成分，完成风干的作品不会变得脆裂，非常富有弹性，易于长期保存。超轻纸粘土还有日本产的纸浆含量高的品种，但是价格不菲。希望什么时候国内能够出产质量合格价格适宜的超轻纸粘土。

不建议大家在网上购买那些价格特别便宜的粘土，质量不能保证，容易对身体造成伤害。这是猴子酱的一个小小建议哦！ 6.

7.

Bling Bling

成就最美饰品的配件们

底托和连接器

a. 图中有三款底托，其中最左侧的是**双环底托**。这种底托拥有很多的用法，而且型号很多，直径小的只有5毫米，大的可以达到30毫米。所以制作手链或者项链都合适。大家可以充分发挥想象力来搭配。**花边底托**一般一件饰品上就用一个，因为外观上已经十分华丽，所以多半作为一件配饰的中心。花边底托的花色也非常繁多，足够我们进行创作的筛选。**单环底托**是最简单的吊坠类配件，这种底托也是最常用的。

哈哈哈！我们发财了，小喵!好多珠宝啊！

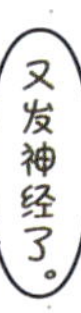

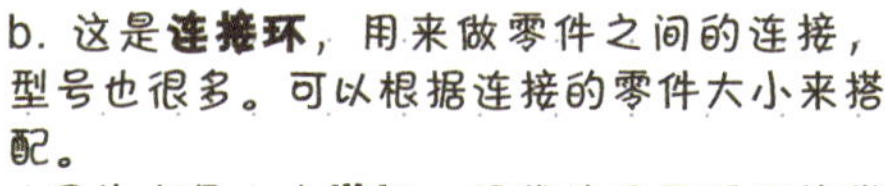

b. 这是**连接环**，用来做零件之间的连接，型号也很多。可以根据连接的零件大小来搭配。

c.图片中是一个**搭扣**，佩戴饰品要活口摘带的时候使用。搭扣有很多种，还有龙虾扣等。大家可以根据个人习惯选择。

d.**马甲扣**是链接纺织品与金属链条之间的连接器。有锯齿的一边固定在蕾丝或者丝带的接口处。型号也有很多种，宽窄可以自由选择。

连接针

大的圆形图中是常见的三种连接针，是手作饰品不可或缺的连接装置，无论我们制作粘土作品还是羊毛毡类的作品，都需要这种金属针最终和手链、项链或者钥匙链之类的东西连接起来。所以它的用法一定要很好掌握。

1. **g字针**是上端有一个环状的针，稍后本书中会多次使用到。基本用法就是直接插入作品，然后用g字针的圆环处再与其他配件连接。

2. **T字针**底部是一个圆形的扁片，作为串联一些珠子类的隔挡，使之不会漏下去。然后针的部分围成环状，再与其他的部件连接。

3. **球形针**的用法和T字针的用法大致是一样的。不过它的底端是圆球，比起T字针更美观，比较适合和珍珠类的配件搭配起来。猴子酱就比较喜欢球形针。

首饰配件

A. **耳钉底托**，制作耳饰的配件有很多种，这是其中最常见的一种。圆形托盘的地方可以与粘土作品黏合，也有圆形底托上还带有针状插座的底托，大家可以根据制作的类型选择。

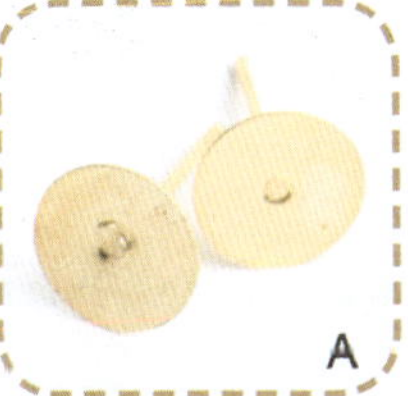

B. **发卡配件**的种类也很多，图中是比较常见的两种，金色的是插起来戴的，银色的是别上戴的，这两种发饰可以戴在头上的不同部位。本书中介绍了三种发饰的制作，希望能够激发大家的创作灵感。

金属链条

金属链条是非常重要的饰品配件。
材质上分为金银铜铁，花色上也有很多的选择，O字链、8字链、双8字链、双O字链、珠链、蛇骨链、椭圆压花链等，完全可以满足创作上的搭配。金属链条不只能做单一的一根式的项链，仔细搭配可以呈现很多不同的造型，是非常灵活的配件，希望大家也能发挥它们更多的功效为您的创作锦上添花。

有了它们

作品更有颜色

色粉笔

色粉笔

色粉笔是给软陶上色的必备佳品。色粉笔的颜色更为丰富，颜色有上百个，价格也是高低不等，贵的要好几千元。我们为粘土上色选择中等价位的就可以，36色基本就够用了。如果只是给软陶上色其实用起来特别省，每次用的时候用刀片在色粉笔上轻轻刮下一些粉末，用笔轻轻刷上即可。色粉笔的颜色也可以混色，这一点请大家灵活掌握。

女孩子用来化妆的海绵也可以剪成不同的形状，用来给软陶作品上色，可以用它们来制作晕染的效果。对于小技巧大家在自己操作的过程中应该会有自己的心得，希望大家能够掌握各种技巧用来制作心仪的作品。

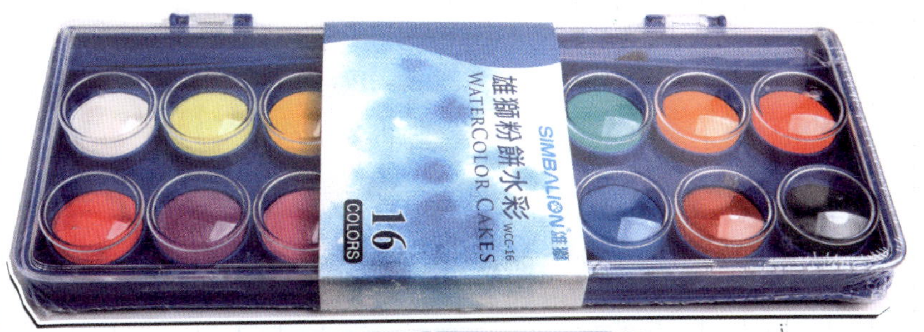

粉饼水彩

粉饼水彩

粉饼水彩是一种将水彩压缩成干状色粉饼的水彩颜料，比较易于携带，而且用起来也很省材料。搭配上图的樱花自来水笔，就更加如鱼得水了。这种水彩比较适合给超轻纸粘土作品上色，因为超轻纸粘土基本上有纸的属性，所以着色上与水彩更容易混合。这种水彩粉饼使用的时候要注意清洁，以免水笔粘上的颜色污染了别的颜色。所以在手边准备几张纸巾，随时利用自来水笔的水进行笔尖的清洁工作。而且纸巾可以帮助控制笔尖的含水量，让你更好地掌控上色的干湿、浓淡。

给粘土作品上色的方法远远不止书中介绍的这两种，而是还有很多。但是我们使用的时候要根据作品材质的特点灵活运用。比如软陶类的作品原本就防水，所以用水彩给它上色基本是上不去的，而超轻纸粘土作品粉末状的色粉笔没有办法涂匀。所以，我们可以多做一些实验，没准你会发现更好的工具来配合制作粘土作品呢，到时候别忘了和大家一起分享经验哦！

充满魔力的辅助材料

液体软陶

液体软陶的发明实在是太令人开心了，液体软陶有很多种，右图是一种半透明类连接属性的液体软陶，利用它就可以将接触点很小的软陶部件牢牢地靠在一起，起到了“胶水”的作用。

还有那种白色的液体软陶，只要兑上颜色，可以制作出液体流动的效果，简直就像是变魔法一样。很多材料的诞生，帮助设计者实现了很多想法，让想象的空间变得无穷大。感谢那些缔造这些充满魔力的辅助材料的人们，请再继续发明吧！

猴子酱使用的软陶和辅助材料都是一个牌子，不过猴子酱还知道日本牌子的软陶也配有有很多不同属性的辅助材料，大家可以根据自己的需要进行选择。

亮光油

哼哼！说到亮光油，它真是个好东西呀，很多作品上了亮光油以后就好像脱胎换骨了一样。比如做一条烤鱼，上了亮光油立刻能让它变得令人垂涎欲滴。做一朵花，上了亮光油就会立刻感觉它活过来了一样，让你感觉非常的神奇。

尽管如此我们也不能乱用它，有些作品还是本色的好看。有一阵猴子酱沉浸在亮光油的世界里，将作品都涂上亮光油，结果发现很可笑，好多东西都变得特别假，于是以后便谨慎选择。就好像锦上添花的东西用得恰当便好，不分场合地乱用，最终会毁了你的作品，所以大家千万别犯和猴子酱一样的错误哦！

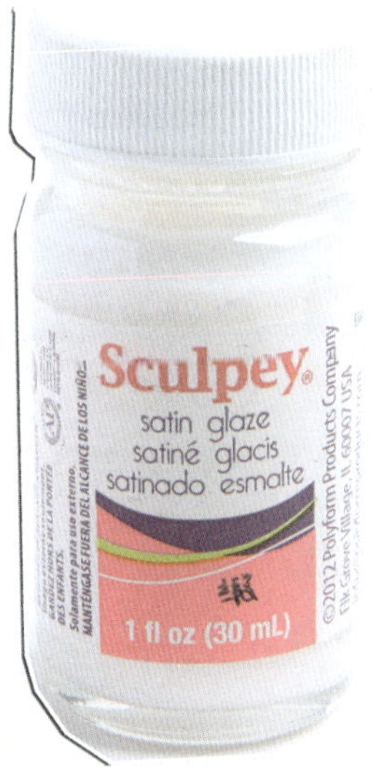

上图中一个是亮光油，一个是绸缎光泽的油，估计当初设计这种油的人也想到了，很多作品不需要那么亮，温柔的光泽更漂亮，所以在不涂油和亮光油中间创造出了一种油，大家根据具体制作的内容来选择吧。切记过犹不及的道理。

Month

Monday 一	Tuesday 二	Wednesday 三

1	2	3	4
5	6	7	8
9	10	11	12

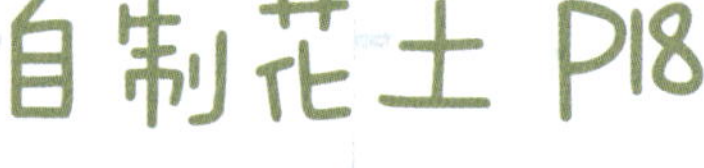

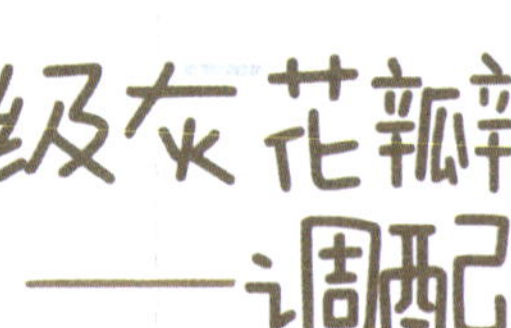

Thursday
四
Friday
五
Saturday
六
Sunday
日
片片是真情
——多肉花瓣的结构
P24
花有傲骨——花卉骨架的制作
P28

Cues.

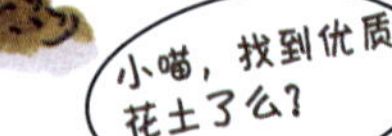

Summary.

自制花土

在制作花卉之前，让我们先来调配一下花土吧。花土的颜色越丰富，越接近真实的花土。

准备工作：

棕色、黑色、白色、绿色、蓝色超轻纸粘土

按照上图的比例，就可以混合出下图颜色的粘土。有的粘土可以不必混得那么均匀。

这些有层次的粘土用来制作花盆里填充的粘土，会显得更加真实自然。

具体制作步骤

花土的形状基本上是颗粒的，但是，颗粒也有区别，有的偏圆，有的上面气孔比较多，有的则是碎石子的形状而有比较多的棱角。

将制作出来的不同形状的粘土颗粒不均匀地洒在花盆中，就能做出仿真的花土来。

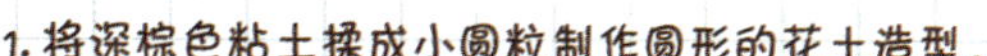

1. 将深棕色粘土揉成小圆粒制作圆形的花土造型。
2. 将浅棕色粘土揉成椭圆形，然后再用七本针在表面做出肌理。
3. 将混色粘土用两只手的手指肚挤出三角体，不断地改变力度，让石子造型的花十产生区别。
4. 将不同颜色的圆粒粘土混合放入花盆中。
5. 在上面铺上带有气孔肌理和石子造型的花土。

point

我们给花盆填土的时候先用一些不常用的粘土，或者快干的不能用的粘土，把花盆内部垫高，大概快到盆口边缘时，再撒上我们制作的不同形状和颜色的粘土，这样可以节省材料和制作时间。

Summary.

Month

2 MONTH 5 DAY

Week

都来学陶艺——粘土花瓶

1.

准备工作：

白色粘土

猴子酱很喜欢做粘土花瓶，因为这样可以根据自己接下来要制作的花卉形状进行搭配。而且造型上就不会受到购买的限制。不过，制作的花瓶只能替代陶瓷质感的花瓶，市面上有很多漂亮小巧的透明玻璃花瓶确实也很适合搭配粘土花卉，大家可以根据具体的创作需要来进行购买。

2.

1. 先取出一块白色的粘土，揉成圆形。

2. 将白色的粘土揉成上端宽、下端窄的形状。

3.

point

各位读者，大家制作白色粘土的时候需要将手指和工作台清理干净，这样做出来的白色作品才能够干净漂亮。

4.

5.

3. 再取出一小块白色粘土然后用球形工具在上面压出一个圆形的凹槽，作为花瓶的瓶口。

4. 瓶口的具体形状。

5. 将制作好的瓶口放在瓶身上。用球形工具进行整理。

这个步骤完成以后我们也可以用水彩在上面画一些装饰图案，需要视具体情况而定。

6.

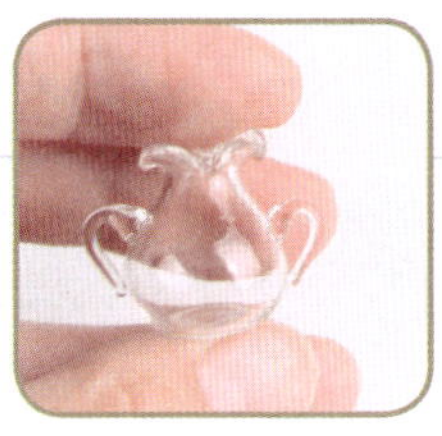

以上是猴子酱给大家展示的迷你花瓶。

高级灰花瓣
——调配方法

猴子酱爱上多肉的原因也是因为它特别的颜色，多肉植物大多数都不是那么大红大绿的，而是非常舒服的高级灰色调。这样的颜色如何用粘土来实现呢？接下来我们就一起制作一下吧！

你们看见小喵了么？

1. 如图比例准备粘土。

2. 将上图的粘土揉成图2的灰绿色。

3. 用上图的灰绿色粘土再加入如图比例的白色和棕色粘土。

4. 混合出明度更高的高级灰绿色。

2 MONTH 11 DAY

准备工作：

棕色、黄色、绿色、白色超轻粘土

5

5. 用图4的灰绿色粘土分别添加紫色、红色粘土就会产生不同的色相。

6. 用图2以及图4、图5混合出来的颜色分别可以制作图6的叶片造型。

6

point

多肉的基础绿色是图2的颜色，然后可以根据自己要制作的多肉的具体颜色添加其他颜色改变色相。这个还需要大家自己多多实践。

片片是真情

——多肉花瓣的结构

哎，我是那个“试问世间情为何物，真是弄不明白”的猴子酱。人家都说情定乃天意，三生石上有的缘分便注定谁也躲不过去。我没躲呀，难道缘分都绕着我走的？怎么就没有要生生世世与我相守，无论我躲到哪个犄角旮旯都能把我翻出来好好爱一番的人？没处去问月老，今天就糟蹋一朵小花，拿它来问问我的姻缘吧！小花呀，小花！你说我的姻缘什么时候来呢？再或者，我这辈子有没有好姻缘？你说有人喜欢我么？喜欢我的人是我今天出门见到的第一个人么？快递小哥除外啊，他我可天天见呢，也别是楼下看门大爷啊！那我先自报个家门，咱们就开始，嗯嗯……

2 MONTH 14 DAY

准备工作：

绿色、白色、棕色混出的高级灰。

1

1.上图是制作多肉花卉花瓣的层次分解图。这里只展示多肉花瓣的最高峰的位置，剩下的层次根据我们具体制作花卉的薄厚来决定添加多少层。

第一层—第四层

2. 从组合花卉的花心部分开始。

3. 然后这样对称地粘贴外侧的花瓣。

第五层—第六层

4. 越外侧的花瓣粘贴的时候不要摆得太对称。否则就显得特别不自然。

5. 这一层还是粘贴3个花瓣。这里的花瓣应该是整朵多肉花瓣最大的一圈。

第七层—第八层

6. 将剩下的花瓣按照层次向下粘贴。

7. 做好的多肉侧面效果。

Point

制作这样景天科的多肉花卉，需要根据它具体的生长方式来安排每层的叶片和排列叶片的顺序。

多肉植物分为对生和轮生：对生为叶序形式之一，指每个节上着生两片叶的叶序。轮生：轮生叶序是每节上生3叶或3叶以上，作辐射排列，此外，又有枝的节间短缩密接，叶在短枝上成簇生出。所以我们要观察仔细，如果有条件，可以像猴子酱一样每片掰下来观察一下。

另外就是多肉植物的叶片不是越往下面叶片越大，而是随着自身的生长在第6~8层的时候达到一个顶峰，下面的叶片就会保持在第5~6层的大小，然后收起来。所以我们制作多肉花卉的时候一定要注意这种层次的变化。

花有傲骨
——花卉骨架的制作

准备工作：

米黄色、紫色、橘红色、橘黄色、棕色粘土

2 MONTH 17 DAY

point

花卉骨架是制作花卉最常用的配件之一，由于它外面包裹一层比较粗糙的绿色纸，所以能挂住粘土。一般的铁丝包裹粘土后会滑下来。所以，制作花卉的枝干，我们都会用到花卉骨架。骨架也分为很多型号，这里我们只列举最常用的三款。

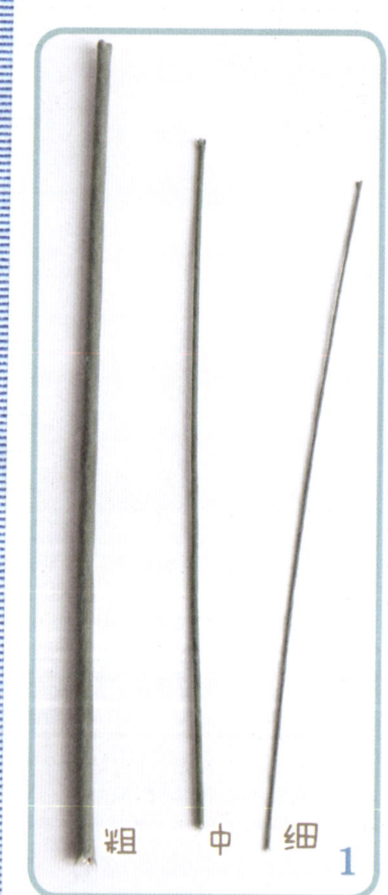

Cues. 花卉胶带

Notes.

1. 图1展示了花卉骨架的种类，粗的适合制作花茎，中号的作分枝，细的作小的分枝。
2. 将中号骨架围成想制作的形状。
3. 将细的骨架也弯曲后用花卉胶带进行缠绕粘贴。
4. 将制作好的多组枝干用花卉胶带整体缠绕。
5. 缠好以后整理枝杈之间的造型。

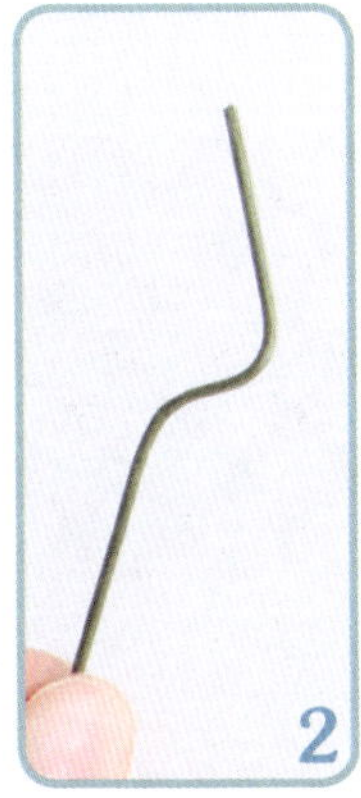

POINT

花卉胶带在粘贴的时候是需要将其拉伸一些的，这样其中的黏性才能发挥出来。

Summary.

Wednesday

1 2 3 4
5 6 7 8
9 10 11 12

给点阳光就灿烂

——多肉叶插冰箱贴

P32

Off The Head

——凝脂莲发卡

P36

P40

警报！警报！出现虫灾！

——茶巴蒂斯项链

Thursday
四
Friday
五
Saturday
六
Sunday
日
请收下我的哥特心
——黑色露娜莲蕾丝锁骨链
P44
多肉贫民女王
——白牡丹耳钉
P48
繁花点绛唇
——红爪蕾丝锁骨链
P51

给点阳光就灿烂

——多肉叶插水箱贴

嘿！你好啊！我就是那个想把太阳拉到我这里的猴子酱，快来晒晒我家叶插。

准备工作：

浅灰绿色粘土

1-4. 图1首先搓出一个高级灰的浅绿，图2粘土搓成水滴形，图3手指指肚整理出尖尖的头，图4可以看出叶片的厚度效果。

point

这里需要我们给叶插的花瓣上色，请大家准备好水彩，在叶片的边缘处淡淡地涂抹即可，切勿涂成大花脸。

静夜叶插

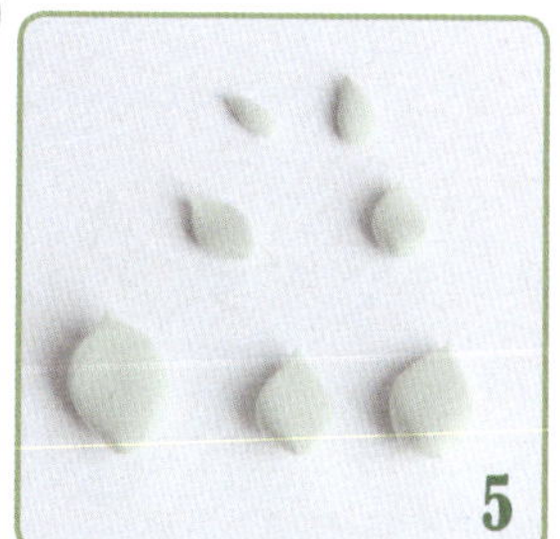
5
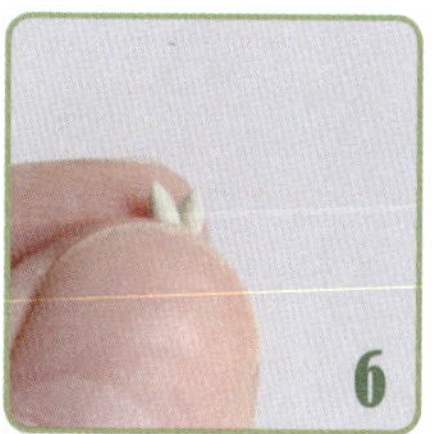
6
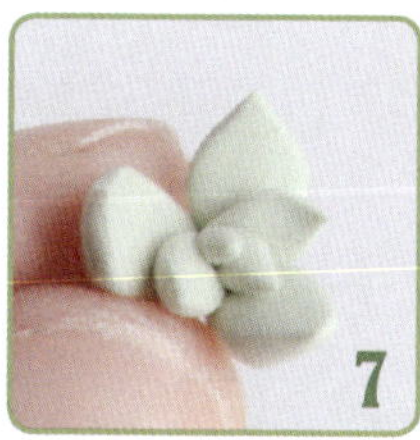
7

8

5-8. 接下来制作叶插上长出来的小芽。

9

10

11

9-11. 将做好的小芽与叶片主体粘贴，然后用水彩上色。最后将3M磁铁粘贴在叶插的背面，冰箱贴就做好了。

准备工作：

浅灰绿色粘土

这个部分我们制作一个多头的叶插。很多时候叶插会出现多头的情况，遇到这种叶插，猴子酱多是喜不胜收，所以做叶插冰箱贴的时候一定不会放过做一个多头的叶插来玩玩。

月影叶插

1-4. 这个部分制作叶插的主体叶片，然后分别制作出长出来的两颗芽。

5-6.将叶插的主体叶片和芽组装在一起，然后用水彩上色。

另外一个叶插我们选择了桃蛋，它的叶片有别于上面两个叶插的形状，它的主叶片是圆嘟嘟的，生出来的嫩芽也是圆嘟嘟的，挤在一处。

准备工作：

浅灰棕色粘土

桃蛋叶插

1-4. 这个部分制作叶插的主体叶片，然后分别制作出长出来的两颗芽。

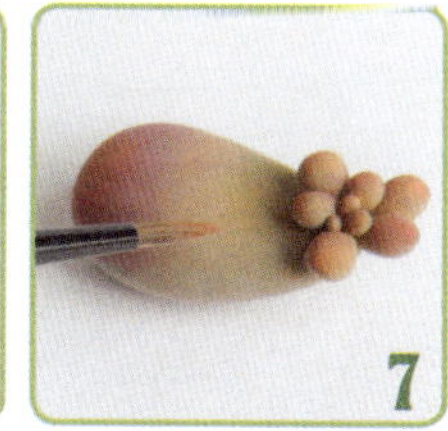

5-7. 将叶插的主体叶片和芽组装在一起，然后用水彩上色。这里需要注意的是，叶片的颜色是紫红色和橙色的渐变过渡，大家在上色的时候要把握好。

Off The Head
——凝脂莲发卡

3 MONTH 3 DAY

呜呜呜！我是那个花被砍头、抱着花哭的猴子酱，猴子酱的凝脂莲徒长了，拿去花店，老板二话没说就给砍了头。我是来求助的呀，怎么给它处以极刑了！后来才知道，这是置之死地而后生的好办法，不过还是纪念一下被砍头的凝脂莲，做个发卡吧！

准备工作：

1. 浅灰绿色粘土 2.水彩颜料 3. 发卡

凝脂莲的制作

1. 首先制作花心的部分，两颗米粒大小的粘土做花心，接下来对向粘贴下一组花瓣。

2. 内侧三组花瓣都是两两对生的组合。

5.将做好的主体花卉的花瓣整理一下，注意不要让上下层的花瓣过分粘在一起。需要留出层次与层次之间的空隙。

3.下面这一层虽然也是对生，但是不要与内侧的一组叶子正对着，要插空粘贴。

4.粘贴3组叶片围绕一圈，也是插空粘贴叶子。

凝脂莲的上色

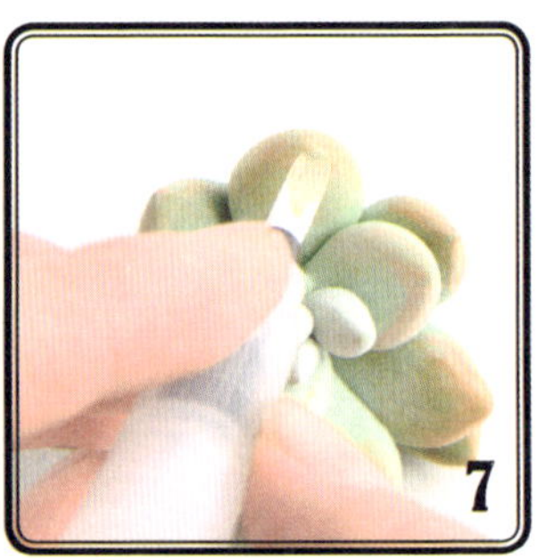

6.然后开始上色，首先用白色的水彩给花卉上一层白霜。
7.接下来用橘黄色的颜料在边缘上色。
8.再用白色的水彩在花心的部分上一层白霜效果。
9.然后重复1-8的步骤再制作一个小一些的花。

point

上色的时候注意笔头的干湿要适中，随时准备一些纸巾，将多余的水分吸干，这样上出来的白霜才均匀漂亮。

凝脂莲与发卡组合

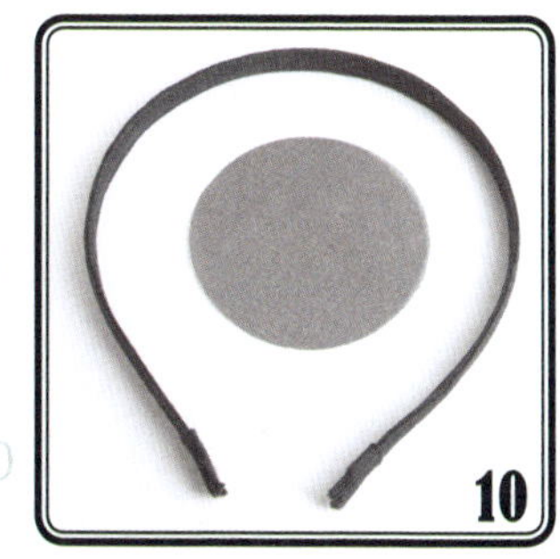

10.准备发卡和一块黑沙圆片。
11.先将黑色的沙片粘贴在发卡的一侧。
12.然后将做好的凝脂莲逐一粘贴上。
13.凝脂莲发卡就完成了。

point

粘贴黑沙片和凝脂莲的时候，我们会用到胶枪，其他的胶水可能没有办法将作品牢固地粘贴在这种材质的DIY辅助材料上。

养多肉的日子久了，猴子酱也渐渐变成砍头不眨眼的“刽子手”了，“秋后问斩”的快乐只有养过肉肉的人才能体会。

警报！警报！出现虫灾！

——茉巴蒂斯项链

嘿！我就是那个连养个植物都要被不断连环惊吓的猴子酱。“砍头的事件”过去不久又出现了虫灾，看得我密集恐惧症都要犯了，如何一夜之间冒出来这么多可怕的小虫子，爬得到处都是，好想顺手将这盆花扔出去！可是，可是猴子酱做不到呀！

后来，猴子酱在网上找到了消灭这种虫子的药，虽然杀死了虫子，可是我的茉巴蒂斯已经奄奄一息了，不知道是不是根部的汁液被吸走太多，总之它现在抽巴得好像个老太太，不知道什么时候能缓过来呢？让我们做个项链纪念一下吧。

叶片与配件

准备工作：

1.高级灰绿色超轻纸粘土 2. DIY项链配件 3.水彩

1 2

3

1.首先准备项链的配件，一条长度适中的链子，3个连接圈，一个龙虾扣，另外准备一个圆形托盘。

2.再准备一块调和好的高级灰绿色粘土。

3.将粘土按照图3的层次捏出来。苯巴蒂斯的叶片薄厚比较适中，花瓣的肩头略宽，肩头向上有个尖尖的顶。叶片比较多，请大家耐心制作。

DAY 10

经过了上一个阶段的准备，我们开始下一步的制作。

上色与组合

1-3.我们先给每个叶片上颜色，先上一层白霜，然后在花瓣的宽厚的肩膀边缘涂上红色，莱巴蒂斯背面的花瓣上也有一条红色，包括花瓣的尖处都涂上红色。以往我们都是做完整个花以后再上色，但是莱巴蒂斯每组叶片都包裹得比较紧实，如果最后上色很多细节都画不到，所以我们选择先上色的技巧。

4-6.将花瓣一层一层地粘贴起来，外侧的叶片粘贴的时候遵循将花心包裹起来的原则，这样一层一层地粘贴，花心是凹下去的。如果做完是花心高高突出在上面的，那么就是粘贴技巧出现了问题，请仔细观察图片再下手粘贴。

point

我们选用的是本书一开始介绍的韩国进口超轻纸粘土，这个粘土干燥的速度比较适中，即使像我们图例中那样将所有的叶片都做完再粘贴也不会粘不上，这个是很多国产粘土做不到的。

7

8

9

7-8.最下面的一层花瓣需要向下藏一些粘贴，俯视基本成为圆形，侧面呈莲花状。

9.将准备好的配件用钳子连接好。

10.最后准备胶枪，将做好的花和金属托盘结合在一起。晾干以后就可以佩戴了。

10

成品展示

项链的长短大家可以根据搭配的衣服款式来自行决定。另外，提醒一下，这种DIY项链的配件都不是防过敏的，所以过敏体质的朋友要谨慎选择金属的成分哦。希望大家都能做出美美的多肉项链来。

3 MONTH 10 DAY

请收下我的哥特心

——黑色露娜莲蕾丝锁骨链

你们还在么？我是另一种人格又在蠢蠢欲动的猴子酱，偏爱黑暗凄凉的黑色猴子酱正在觉醒，想象着黑魔法将我的肉肉们都变成黑色会是什么模样？于是猴子酱便黑魔法附身制作了一条黑色露娜莲锁骨链，是不是充满了魔性的诱惑？请收下我的哥特心，一起做起来吧！

准备工作：

1.黑色软陶 2.黑色蕾丝缎带 3.金属配件

先将黑色的软陶按照花瓣层次图例逐一捏出来。

1-4.将做好的叶片层次一层一层地按照顺序粘贴起来，注意花心的位置是凹陷的，外围的叶片高出花心部分向外一层一层地排列，最后两层的花瓣向下藏一些。

point

我们用的是软陶，所以在粘贴叶片的时候如果没有办法将叶片粘贴牢固，可以用液体软陶作为粘合液辅助。另外，这个软陶露娜莲整个都粘贴好以后需要用刀片将底部切平，然后放入烤箱以100℃烤制10分钟。

5. 制作哥特风格的锁骨链，我们选用了黑色的蕾丝缎带搭配复古铜色的金属链子，这样显得颓废又华丽。我们将珠链和连接环按照如图比例剪断排列，这里珠链需要用包珠扣和连接环与黑色的蕾丝连接，另外5颗亚克力水滴形珠子需要用球形针进行连接。黑色蕾丝我们用马甲扣将每一段都包裹起来。这里链接点比较多也很繁琐，但是繁琐的细节才是哥特风格的体现，所以让我们痛并快乐地制作吧。

6.将配件和蕾丝连接以后再将烤好的黑色露娜莲装饰在托盘上，美美的锁骨链就制作完成了。带着它出街保证回头率满满。

Point

软陶入烤箱，
100℃ 10分钟即可。

多肉贫民女王——白牡丹耳钉

开始加冕吧~

3 MONTH 11 DAY

有时候很多人都问猴子酱，哪些多肉好养呀？很多时候花好多钱买回去很快就死了。猴子酱觉得好养的肉肉里白牡丹又美、价格又低，绝对是新手的好陪练。所以在我心中白牡丹算得上多肉中的贫民女王了。今天做一对儿白牡丹华丽耳钉来赞美一下它吧。

1

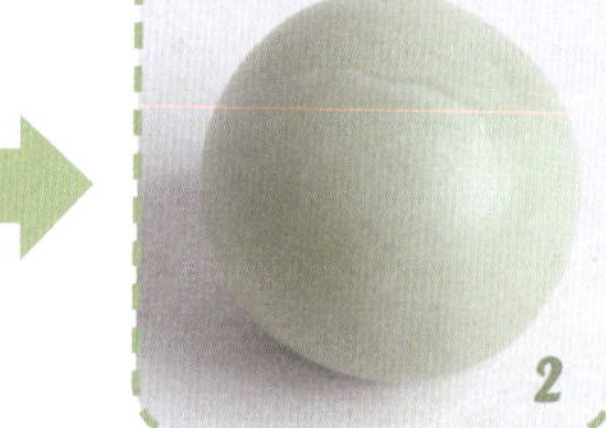

2

3

准备工作：

1.绿色、透明黄、白色软陶
2.银耳钉托、球形针
3.珍珠
4.强力胶水

1-2.将准备好的如图1比例的软陶混合成图2的颜色。

3.然后将软陶捏成如图层次和形状的叶片备用。请做大小相同的两组。

point

这一课我们做的是耳钉，所以在制作叶片的时候我们能保持多小就保持多小，否则做出两个傻大傻大的白牡丹挂在耳朵上也不漂亮了是不是？所以大家不要着急，控制好叶片大小慢慢做。

Cues.

4-6.将做好的叶片按照图例粘贴起来。

7.将做好的两朵花放入烤箱烤制出来放凉，然后涂抹亮光油晾干备用。

8.将做好的白牡丹固定在银耳钉的银针处，再将珍珠一端固定在耳针的一头，用胶水将球形针封在另一端。

9.将做好的珍珠耳针插入底托，华丽的白牡丹耳钉就制作完成了。

4

5

6

7

point

软陶入烤箱，100℃10分钟即可。

9

8

这里大家看见成品的花瓣略微有点黄，那是烤制的时候自然的一些变色，是不是形成了意想不到的效果？

森气十足的一款耳钉，送给你这样的森系美人。

Notes

繁花点绛唇
——红爪蕾丝锁骨链

3 MONTH 27 DAY

古有“白雪凝琼貌，明珠点绛唇”，今有猴子对镜把妆涂。哈哈，我就是那个恶搞不休的猴子酱。窗台上的红爪长得甚好，每片叶子的尖尖角都红扑扑的，实在惹人喜爱，着实长出了点绛唇的韵味，于是我也唇上点朱砂美美地打扮一番应应景。

“春风十里扬州路，卷上珠帘总不如”，今日虽无人送别，却有春风十里，忍不住出去逛逛。现代人快节奏的生活，大家都不曾注意身边的春去秋来，也不能像古人一样惬意地欣赏一番，今天教大家做一条红爪蕾丝锁骨链，戴上它一道去赏一赏春如何？

准备工作：

1.绿色、粉色、金色软陶 2.金属配件 3.珍珠、白色蕾丝缎带

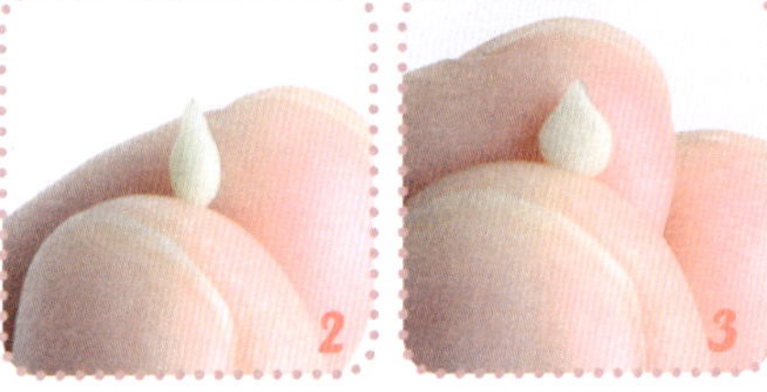

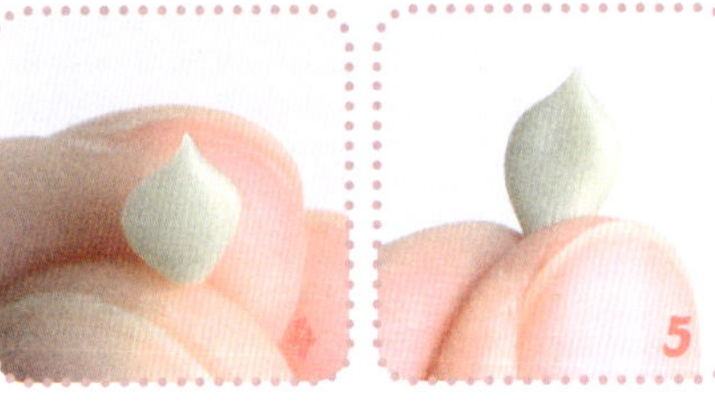

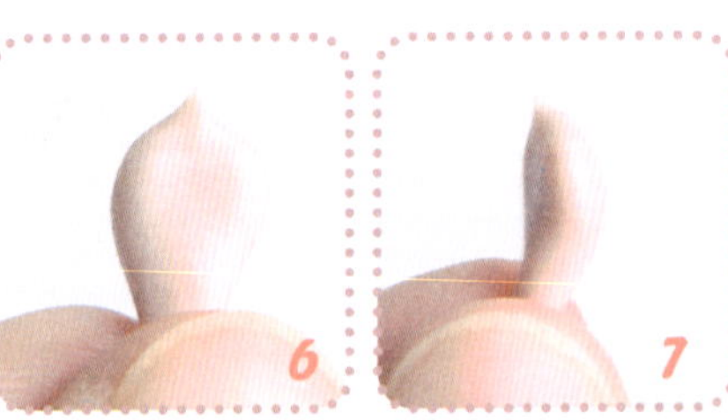

1. 我们用两个层次的颜色制作红爪，花心的部分用绿色，粉色用在外层。

2-5. 制作花心的形状。

6-7. 制作花心外侧的花瓣。

point

红爪的叶片肩部比较窄，所以我们做得略微瘦长一些，但是叶片肚子的部分比较厚实。请注意仔细观察图例。

8

9

8. 叶片的标准形状。

9. 叶片层次和大小对比。

10. 做好图例中的叶片后按照层次摆好，再用粉色的色粉给每一片上色。注意由叶片的尖向肩的位置产生渐变色。

10

point

由于我们制作的是吊坠，所以，大家制作的时候注意最内侧的叶片要尽量小，这样才能控制整个作品小巧可爱。

11-14. 组合叶片，叶片粘贴的时候注意交错排列，这样才能形成好看的莲花形。

15. 用一块金色的粘土将项链托盘凹陷的部分填平。

16. 再将制作好的红爪用液体软陶固定在托盘上，放入烤箱。

Point

软陶入烤箱，
100℃10分钟即可。

17. 将白色的蕾丝缎带用马甲扣封起来。

18. 将金属链按照如图效果连接。

19. 将配件按照图示搭配起来。

20-22. 珍珠用球形针串起来，上端用钳子围成结，留出一部分针，用来插在红爪与托盘的连接处，形成一个小流苏。

23. 制作完成的效果。戴上更美哦！

point

蕾丝缎带和金属链子的长度大家要根据自己脖子的长度事先量好，以免制作完成以后再调整的麻烦。

Month
Monday
一
Tuesday
二
Wednesday
三
1 2 3 4
5 6 7 8
9 10 11 12
踏雪寻梅 P58
——梅枝发簪
不愿错过十里桃林
——桃花枝珍珠戒指
P62
永恒的COCO香奈儿
——山茶花胸针
P66

Thursday
四
Friday
五
Saturday
六
Sunday
日
一起跳舞吧！P70
——黑玫瑰耳钉
一期一会无醉无归
——晚樱步摇
P72
沙滩大海的惬意 P76
——鸡蛋花发卡

4 MONTH 3 DAY

踏雪寻梅
——梅枝发簪

堆雪人！打雪仗！大家好，我就是那个只要下雪绝不窝在家里一定要出去戏耍的猴子酱。猴子酱自小就很喜欢雪，下雪一定要跑出去，冻得手冷脚冷也不在乎，哪里雪厚往哪里踩，就喜欢听那种闷闷的咯吱声。今年又是春节后天降大雪，这样的雪天怎么能没有我。卢梅坡有诗云："有梅无雪不精神，有雪无诗俗了人。"巧了，小喵不知哪里踏雪寻来了梅花，快点借我装饰一下我的雪人儿姑娘。这株梅花后来放在我案头两月，现在成了干花，再不忍心看着它香消玉殒无人缅怀。不过我这种大俗人也不会作诗呀，做一只梅枝发簪风雅一回吧。

准备工作：

1. 黑色、棕色、粉色、黄色软陶　2. 球形针　3. 珍珠

Summary.

1. 先将棕色和黑色的软陶混合，不一定要混合得那么均匀。

2.然后准备一根粗骨架，将混合好的软陶揉成泥条。

3. 然后将软陶从细的一端开始在骨架上缠绕，如图3。

4. 用手将粘土按压出树枝的肌理效果。

5. 用工具将粗的一端压出3个枝杈，然后将枝杈揉捏工整一些，效果如图5。

1

2

3

4

5

point

软陶的优点在这种包裹类的饰品制作中就能体现出来了。缠绕在骨架上的时候还有很多缝隙，但是稍微揉捏一下，那些缝隙就会看不见了，所以大家可以充分地利用软陶的这种融合性进行内置骨架的创作。

Summary.

6. 然后用七本针顺着发簪的方向进行肌理创作。

7. 用黄色软陶制作梅花的花心。

8. 然后用七本针做出花心的肌理。

9. 然后将球形针剪短，插在黄色软陶上制作花蕊的效果。

10. 接下来用粉色的软陶制作花瓣。

11-13. 将制作好的花瓣粘贴在花蕊上。

Point

因为制作的是发饰这样的饰品，所以花蕊的部分我们用金属感强烈的球形针来代替粘土花蕊，这样既坚固又美观。

Cues.

14. 将剪剩下的球形针的针部插入梅花花枝粗的一端，如图14。

15. 将做好的梅花插入针部，然后将做好的梅花放入烤箱。

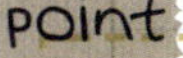

软陶入烤箱，
100℃10分钟即可。

借我用用呗！

16. 将米粒珍珠用胶水装饰在梅花枝杈的部分，制作雪花的效果。

制作完成以后，请用抛光砂纸将插入头发的一端打磨光滑，否则的话会挂住头发的。

Summary.

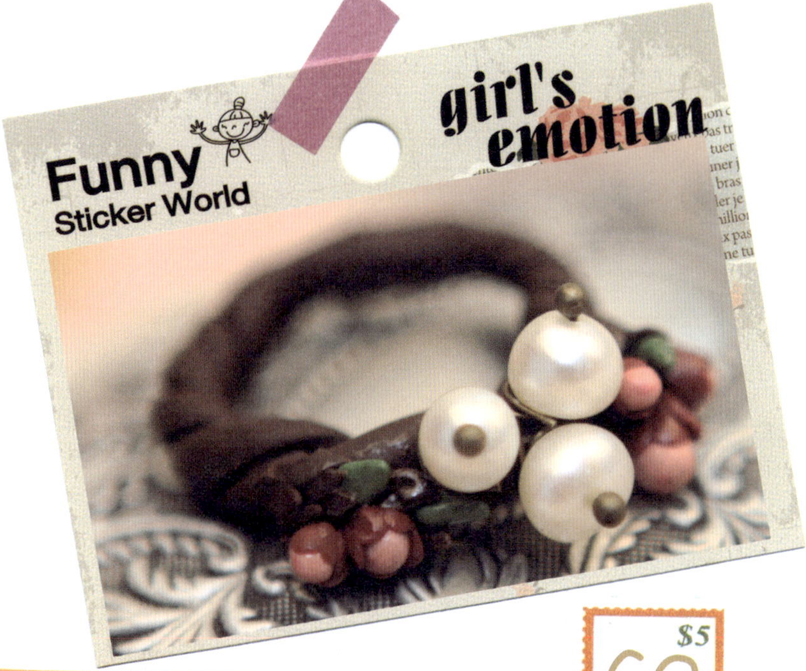

Funny Sticker World

girl's emotion

$5 GO

4 MONTH 5 DAY 不愿错过十里桃林——桃花枝珍珠戒指

最近被神仙剧洗脑，总被里面的唯美台词感动得不要不要的，其中十里桃林更是令人心醉神往。当下正值春季，让我如何按捺得住，即刻出发到郊外。小喵，让我们也去寻一处自己的十里桃林。Go !Go !

准备工作：

1. 棕色、粉色、绿色、红色软陶
2. 细骨架
3. 金属配件
4. 珍珠

1

2

1. 先将棕色的软陶包裹在细骨架上。

2.然后将骨架对折，然后拧成如图2效果。

POINT

骨架要准备手指两圈那么长的长度，大家要佩戴在哪个手指上，就用那个手指做标准。

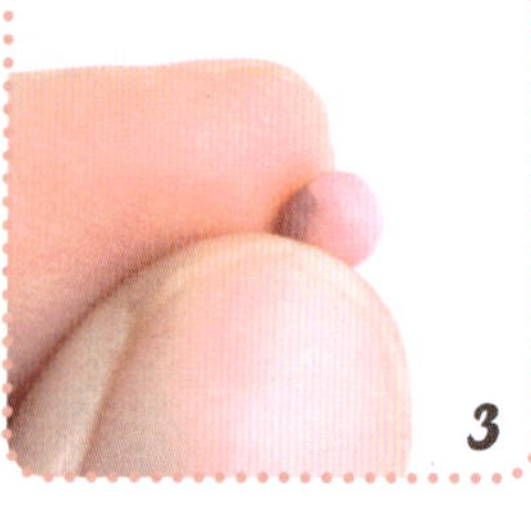

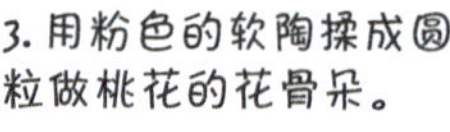

3. 用粉色的软陶揉成圆粒做桃花的花骨朵。

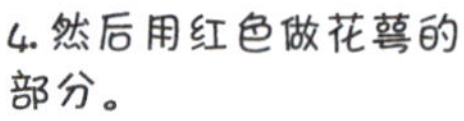

4. 然后用红色做花萼的部分。

5. 将做好的花骨朵固定在指环上。

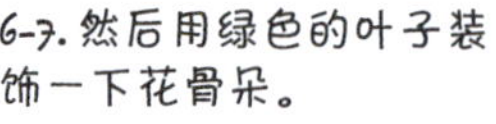

6-7. 然后用绿色的叶子装饰一下花骨朵。

8. 重复3-7步骤，制作出5组花。具体位置请参照图8。

Point

固定这种小的零部件，大家可以在底部涂一些液体软陶作为黏合剂。

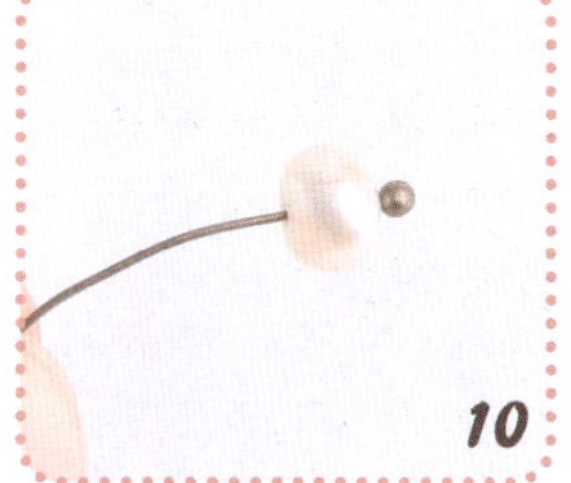

13. 制作完成，戴上手的效果不错吧。

9. 用万能棒，将两组中间的花枝拉出来一个空隙。

10.用球形针串起珍珠。

11-12. 将珍珠穿过刚才拉出来的空隙并将球形针缠绕在指环中间。

Point

软陶入烤箱，
100℃10分钟即可。

各位亲不用担心珍珠会烤坏，低温烤制珍珠是不会受到影响的。

最后，只看到了一株只有花苞的桃花。果农说，距离开花还有些日子呢，到时候再来吧。可怜的猴子酱，累得只能爬回去了。为了纪念“中二”的日子，做只桃花指环牢记这一天吧！

永恒的COCO香奈儿

在猴子酱心中，优雅经典的黑色是属于加布里埃·可可·香奈儿的，而她最爱的山茶花猴子酱初次见到的时候也觉得很惊艳。只见那一株花姿丰盈、叠叠层层,着实妩媚动人，我驻足许久不能移开视线。又是这个时节，让我做一朵金色山茶花向我喜爱的人致敬。

准备工作：

1. 金色软陶 2. DIY胸针

配件准备

首先准备一只DIY胸针，这种胸针珍珠的一端是插口。另外一端是叶片状的胸针托。由于是装饰在衣服上的，所以我们选择这种金属叶片的，比较结实。

point

一件作品的诞生有的时候是猴子酱先有灵感，然后再从配件中找出来合适的材料进行搭配。有的时候则相反，遇到了有意思的配件突然就萌生出了给它搭配上粘土作品的冲动。所以创作这个东西很有意思，正着推倒着推都有理！

山茶花的制作

1.先制作一个水滴形的花心，大头朝上。

2.然后将粘土揉捏成圆片，如图包裹在外侧做出花瓣。

3.依次层叠制作花瓣。

4.最外面的两侧花瓣向下弯曲。

point

用金色的粘土制作山茶花是为了让它充满金属感，与胸针底托的金色相互辉映。大家在进行创作的时候也可以对事物原有的颜色进行艺术加工，让其看起来更有创意。

5. 制作完成的整个山茶花外沿呈一个圆形。

6.将制作好的山茶花用液体软陶与金属胸针底托连接在一起，一同放入烤箱。烤制的时候不要带着人工珍珠一起，人工珍珠不如真的珍珠耐热。

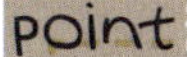

软陶入烤箱，
100℃10分钟即可。

一起跳舞吧！——黑玫瑰耳钉

5 MONTH 7 DAY

哒！哒！哒！跳起来！大家好，我是那个看见玫瑰花就想起《卡门》的猴子酱。玫瑰盛开的季节，猴子酱脑中想的正是口叼玫瑰花跳着骄傲舞步的西班牙女郎。那个时候玫瑰花的定义就变成了一种热情的灵魂，但不是红色的。所以今天猴子酱为大家推荐一款黑色玫瑰耳钉，希望大家能喜欢。

准备工作：

1.黑色软陶 2.耳钉托

Point

大家可以灵活地将液体软陶运用在这些接触点比较小的饰品黏合处。需要黏合的软陶部分需要将接触面处理平整，黏合效果会更好。

Summary

1. 准备黑色的软陶。

2. 分出一些软陶揉成条再卷成如图2所示的花心。

3. 用球形工具制作花瓣。

4. 如图所示层次制作花瓣。

5-8. 将花瓣按照层次逐层粘贴。粘贴的时候注意花瓣外沿向下蜷曲一点更真实。

9-10. 将制作好的花底部剪切平整，然后和底托粘连。可以用液体软陶进行黏合。

Point

软陶入烤箱，100℃10分钟即可。

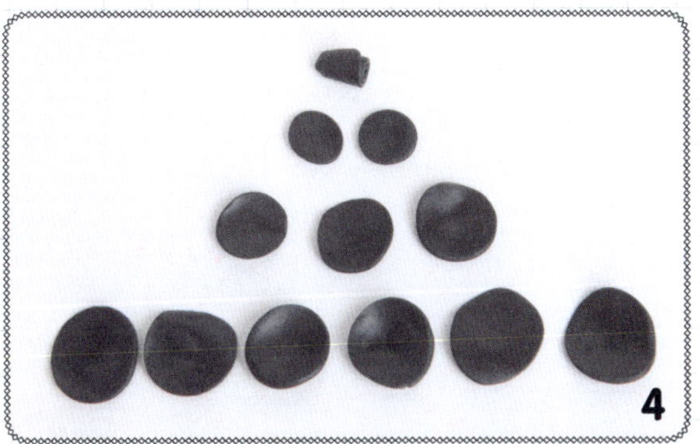

Summary.

一期一会无醉无归

——晚樱步摇

5 MONTH 9 DAY

准备工作：

1. 粉色、草绿色、半透明软陶 2. 金属配件 3. 珍珠

烂漫枝头见八重，一期一会。大家好，我就是那个正准备和小喵一起树下赏樱的猴子酱。被风吹落的樱花雨好凄美。来，小喵！我们干杯！“对蛮花进酒，又恰是、殊乡寒食。愿花散愁，愁多花散识。落去无力。问去年香梦，剩脂零粉，费几番追忆。”哈哈！赏樱可不是日本才有的，中国人赏樱已有千年的历史，所以今天教大家做一只晚樱步摇，戴上美美的，赏樱去喽！

樱花部分的制作

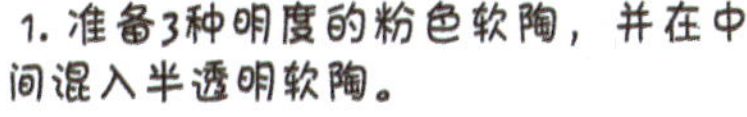

1. 准备3种明度的粉色软陶，并在中间混入半透明软陶。

2. 准备好DIY发叉和草绿色的软陶。

3. 将草绿色的软陶固定在发叉上，形成圆锥形。

4. 用七本针在头的地方扎出肌理。

5. 用最深的粉色制作花心部分的花瓣。花瓣的形状是折叠的。

6-7. 将做好的花瓣粘贴在绿色的花蕊上。

8-9. 用中间的粉色制作花瓣，逐层变大。

10-11. 用最浅的粉色制作最外层花瓣，效果如图11。

流苏部分的制作

1.准备9字针和垫片。

2.将浅绿色的软陶球与垫片黏合。

3.将浅绿色的软陶用剪刀剪成如图3所示的花萼部分。

4-7.制作花骨朵，连续制作两个花骨朵。放入烤箱烤制待用。

8-9.用球形针将米粒珍珠串联起来，在末端围成环状。

10.再连接上做好的花骨朵，将9字针的部分与球形针的球状部分连接在一起。

point

猴子酱用到的珍珠都是淡水珍珠。淡水珍珠有很多型号可以选择，这里用作流苏的就是小号的米粒珍珠，买来的时候就已经打过孔了，所以用起来很方便。淡水珍珠虽然价格小贵，但是光泽和人造珍珠真的是不一样，所以猴子酱做的首饰一般都用真的珍珠。

11

12

11. 制作出5组珍珠，其中两组装上花骨朵。

12.将它们再穿在一个大号的连接圈上。

13. 将一根9字针剪短插入主体花卉的根部。

14. 再固定上流苏的部分。

15. 整体放入烤箱烤制。最后用胶在主体花的中间粘贴几颗无孔的米粒珍珠作为装饰。

13

14

15

point

软陶入烤箱，
100℃10分钟即可。

沙滩大海的惬意——鸡蛋花发卡

5 MONTH 30 DAY

准备工作：

1. 白色软陶
2. 色粉
3. DIY发卡
4. 亮光油

嗯！我就是那个在沙滩上被晒得昏昏欲睡的猴子酱。鸡蛋花好像成为了热带岛国欢迎客人的最美装饰。听说在夏威夷佩戴鸡蛋花也是有讲究的，戴在右侧是单身的意思。为什么猴子酱戴上这么久还没人搭理我？

1. 准备白色的软陶一块，大小是DIY发卡托盘3倍那么大就可以了。

2. 将白色软陶揉成泥条，平均切割成5份。

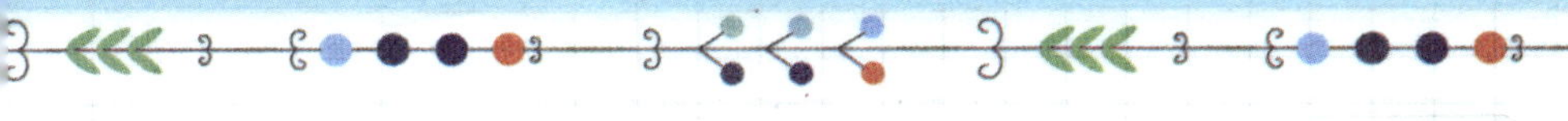

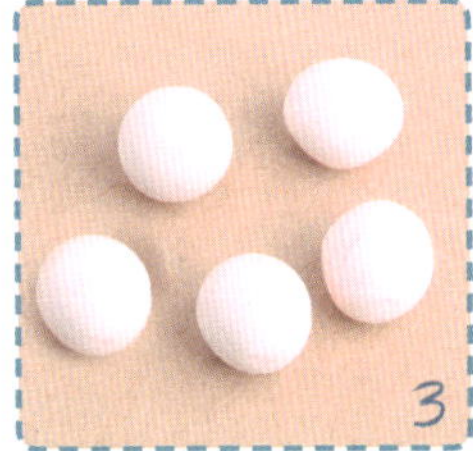

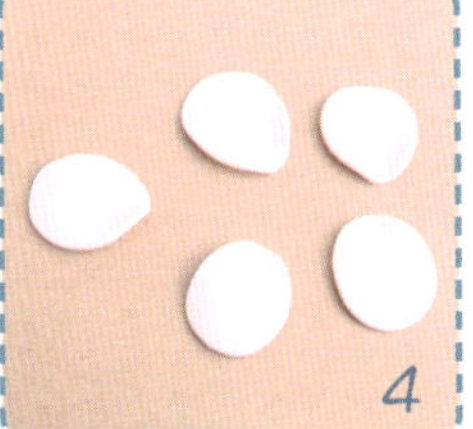

3. 将切割好的泥条揉成圆球。

4. 用球形工具压成圆形的扁片。

5.取出黄色的色粉笔，用画笔将颜色呈放射状涂在内侧的花瓣上。

6-8. 将花瓣如图所示螺旋式重叠粘贴起来。

9.准备发卡。

10. 将完成的花用液体软陶固定在发卡的托盘上，放入烤箱烤制。

11-12. 晾干以后在制作好的鸡蛋花上涂上绸缎感觉的光油就可以了。

point

制作白色的软陶作品请保持手部和桌面的清洁。

point

软陶入烤箱，
100℃10分钟即可。

Month

Monday 一	Tuesday 二	Wednesday 三

1 2 3 4
5 6 7 8
9 10 11 12

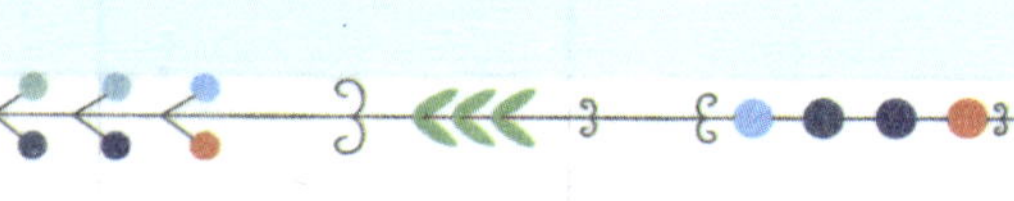

给阅读添点乐趣
——复古束书带

P80

相伴荷塘月色
——莲花锦鲤耳环

P84

开个PARTY给你
——姬秋丽摆件

P88

Thursday
四
Friday
五
Saturday
六
Sunday
日
傻傻分不清
——乙女心耳钉
P94
闷热夏季后的重生
——迷你多肉拼盘摆件 P96

Paper Doll Mate
deco sticker set ver.2 ©afrocat
给阅读添点乐趣
——复古束书带
8 MONTH 5 DAY

准备工作：

1. 绿色软陶 2. 金属配件 3. 珍珠 4. 金色宽松紧带

叶片层次的制作

1-2. 首先准备出一块绿色的软陶。然后将软陶揉成泥条。将泥条按照图例2中展示的层次顺序来切割。最上层的要薄一些，因为是制作中间花心的部分。

Point

有人喜欢把每个花瓣都切割得非常均匀，猴子酱却不然。猴子酱希望每一个层次的花瓣略有不同，这样做出来的成品才越发自然有灵气。

我就是那个书读得不多，却买得不少的猴子酱。今天给肉肉砍头，顺手将其放在了一本书上，觉得很是好看。于是突发奇想，今天就让我这个伪文青来教大家制作一款虹之玉锦复古束书带，给咱们的阅读增添些许乐趣。

虹之玉锦的制作

1 2 3

4 5 6

7 8 9

1-2. 虹之玉锦的叶片是长长的水滴形，然后顶端用深粉红的色粉上色。

3. 制作一个软陶圆形底托。

4. 从最下层开始粘贴叶片，呈放射状。

5-6. 第二层插着第一层的空隙粘贴，注意保持一定的生长感，不要都耷拉着。第三层减少叶片的数量。

7-8. 制作最后一组。将其安插到最上端。都粘贴好以后，用手将所有的叶片都向上聚拢一些，放入烤箱烤制待用。

9. 将烤好的虹之玉锦晾凉，然后涂上亮光油。是不是很漂亮？

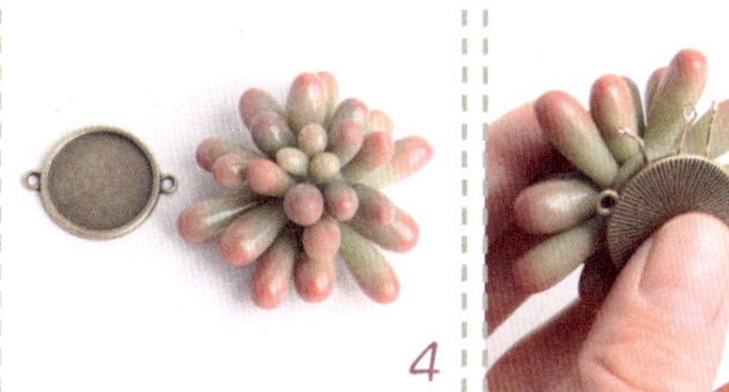

带子部分的制作

1-3. 准备一段金色的松紧带，长短根据你要绑的书的薄厚决定。然后用马甲扣进行衔接。

4-5. 准备如图两边有连接环的底托，然后将3根9字针插入软陶中，涂上液体软陶与底托固定，再次放入烤箱烤制。

6. 将珍珠用球形针与金属链固定在一起，分别做出3段。中间一段略长。

7. 将制作好的珍珠流苏挂在刚才固定在底托上面的9字针上。

8-9. 然后准备连接扣。将连接扣与底托上的连接环连接起来。

10. 制作完成的成品样子。好了，现在可以美美地装饰在你已经看完的书上了。摆在柜子里是不是显得特别文艺温馨？

point

软陶入烤箱，
100℃10分钟即可。

烤制后的软陶凉了以后很坚硬，所以在上面钻孔的时候要耐心加细心，不要弄伤手，也不要将软陶弄裂。

相伴荷塘月色——莲花锦鲤耳环

8 MONTH 

大家好，我是正在极力阻止小喵扑向鱼儿的猴子酱。由于最近养的鱼都特别不容易活，所以换了只锦鲤来养。可能是锦鲤的目标太大了，小喵一个劲地扑它，看来我是养不下去了，找个池塘放生了吧。可是也不能就这样结束呀。于是就诞生了今天课题，一对儿莲花锦鲤耳环。你可喜欢？

1. 绿色、红色、白色、黄色软陶 2. 金属配件 3. 珍珠

1-5. 首先将绿色的软陶揉成扁片，然后用刀形工具在表面画出如图4的花纹，再将边缘卷曲，用色粉笔在中间涂上橘黄色，做出渐变的效果。

6-8. 制作莲花。首先用黄色的软陶制作花心，然后用剪短的球形工具制作花蕊。

9-10. 再用白色的软陶制作花瓣。莲花花瓣的形状呈梭形，两端略尖。

11. 将做好的花与荷叶粘贴，然后在周围用液体软陶固定大小不等的无孔米粒珍珠，用来代表水珠的效果。最后在荷叶的背面插入9字针，然后放入烤箱进行烤制。

12. 晾凉以后再套上DIY金属耳环，涂上亮光油，莲花的部分就制作完成了。

锦鲤耳环部分

1. 用白色的软陶揉成一个水滴形。

2. 然后将细的一端捏出一个鱼尾的形状。

3. 接下来用细节笔在头的一端压出鱼眼睛的位置，嘴巴的位置也压出凹槽。

4. 用红色的软陶揉成扁片，然后包裹在头顶上方。

5-6. 再用红色的粘土捏成小的扁片粘贴在身体两侧，不要均匀的而是要随意的形状。

Point

软陶入烤箱，
100℃10分钟即可。

7. 再用黑色填充眼睛。眼眶用白色的粘土粘贴。

8-9. 用半透明的粘土制作鱼鳍，锦鲤的部分就制作好了。

9-11. 用球形针穿一颗圆形珍珠，然后将珍珠插入鱼嘴的部分。

12. 再套上DIY耳环配件，放入烤箱烤制。

13.将制作好的作品涂上亮光油，作品就完成了。

Spring, summer, fall & winter
dreams those are shinning
like a star they keep whispering,
i`m so in love with you

Notes.

开个PARTY给你
——姬秋丽摆件

准备工作：

1. 棕色、浅黄绿色粘土 2. 水彩 3. 骨架 4. 花卉胶带 5. 花盆

8 MONTH 17 DAY

嗨！我就是那个得到了一株老桩姬秋丽高兴得手舞足蹈的猴子酱。养多肉植物已经有些日子了，今天得到这么美的一株肉肉真是爱不释手，就让我把它做成粘土摆件，让它一直这样美下去吧。

Summary.

骨架部分

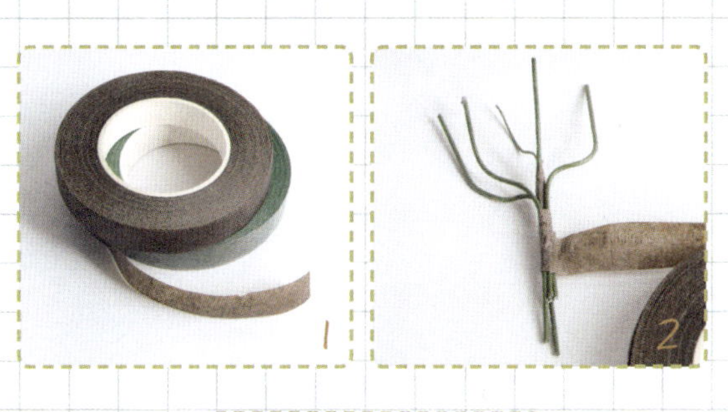

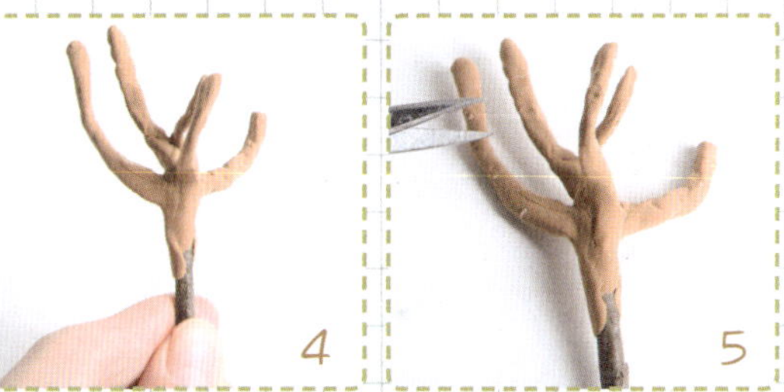

1-2. 利用花卉胶带和骨架制作姬秋丽的老桩部分。

3-5. 然后准备一块浅棕色的粘土。将粘土包裹在骨架外面。在用剪刀在包裹好的泥外面剪出一个个的小豁口，来表现老桩上掰下叶片留下疤的效果。

Point

花卉骨架的具体制作请参照本书第28页：

花有傲骨——花卉骨架的制作

Summary.

Cues.

叶片部分

1.准备如图两种颜色的粘土，一种是偏黄色的高级灰，一种是偏橘色的高级灰，用来制作叶片间不同的颜色变化。

Summary.

2.具体的每一朵花的层次和颜色搭配如图2.

Cues.

Notes.

3.给叶片上色，靠近根部的上浅绿色，靠近尖部上粉红色。

4-6.开始组合叶片。

Summary.

7.按照2-6的步骤一共制作出5组完整的花，大小分配如图7，其中再制作一朵只有花心的。

傻傻分不清——乙女心耳钉

你们好，我就是那个入坑已久但是傻傻分不清乙女心和八千代的小迷糊猴子酱。今天为了加深记忆，我们就做一对儿可爱的乙女心耳钉吧！

8 MONTH 20 DAY

准备工作：

1.半透明、半透明黄色、绿色软陶
2.DIY耳钉托

1-2.将半透明、半透明黄色、绿色软陶混合在一起。

3. 然后将粘土揉成水滴形叶片，数量和层次按照图3所示。制作两组。

4-7. 从内部开始向外组合叶片，形成中间高出来、四周低下去的姿态。

8. 然后用粉色的色粉给乙女心上色。

9. 将制作好的乙女心底部切平，插入DIY耳钉托，然后将其放入烤箱烤制，最后晾凉涂上亮光油。一对儿可爱的乙女心耳钉制作完成了。

point

软陶入烤箱，
100℃10分钟即可。

8 MONTH 22 DAY

闷热夏季后的重生——迷你多肉拼盘摆件

都说多肉难过夏，你们还好么？我是那个多肉阵亡得差不多了的猴子酱。闷热潮湿的桑拿天不止令人难过，连肉肉们也接二连三地倒下。如今立秋了，让我也来收拾一下残局，将仅剩的几株拼在一起吧。它们怕是无根也难活，让我用软陶制作一个迷你多肉拼盘留下这一刻作为纪念吧。

1

2

3

填盆部分

准备工作：

1.棕色、黑色、白色、黄色软陶
2.迷你陶盘

Summary

1-3. 用棕色、黑色、白色、黄色的软陶分别调和成如图2的4种色调的棕色软陶来制作花土。将揉好的粘土碾成小粒散乱地撒入陶盘中。

准备工作：

淡绿色软陶

白牡丹的制作

1. 白牡丹的制作，首先将粘土揉捏成如图1的层次和数量。

2-4. 将叶片组合起来。

5. 将做好的白牡丹放在陶盘中，位置如图。

point

白牡丹的配色和基本制作详见本书48页。

多肉贫民女王
——白牡丹耳钉

1

2

3

4

5

Summary.

Notes.

准备工作：
1.黄色软陶 2.色粉

黄丽的制作

1

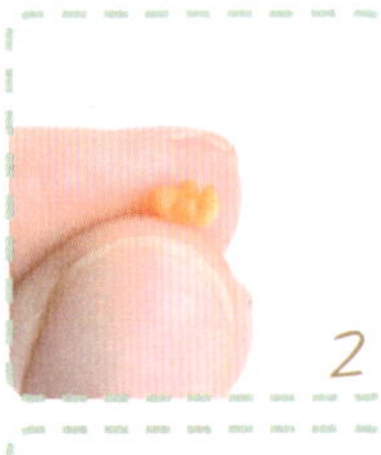
2

4

3

1.用黄的软陶捏成如图1层次和数量的叶片，叶片的形状是狭长的。最小的叶片是非常细小的米粒形状。

2-3.组合叶片，然后用橘红色色粉给叶片的尖部上色。

Summary.

4.最后将做好的黄丽放入陶盘，紧挨着白牡丹。

Cues.

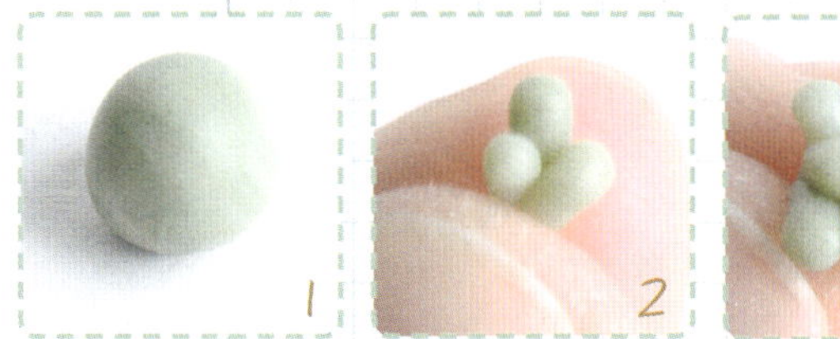

准备工作：

1.淡绿色的软陶
2.色粉

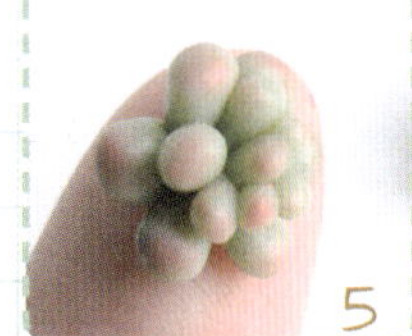

乙女心的制作

1.准备淡绿色的软陶。

2.乙女心叶片的形状是水滴形的，顶部饱满。第一组由三个叶片组成。

3-4.接下来是插空隙粘贴外层的花瓣。

5.将做好的乙女心顶部用粉红色色粉上色。

6.将做好的乙女心固定在陶盘内，位置如图。

point

白牡丹的配色和基本制作详见本书94页。

傻傻分不清
——乙女心耳钉

Summary.

Notes

2

准备工作：

紫色软陶

黑王子的制作

1. 准备紫色粘土。
2. 将叶片按照如图层次和数量制作。
3-4. 叶片的形状和细节。
5-6. 从最小的叶片开始完成花瓣组合。

准备工作：

1.黄色软陶 2.色粉

虹之玉锦的制作

1. 准备黄色粘土。
2. 先揉出一个细杆。
3. 然后在圆的一端捏出第一个叶片。
4. 依次向外捏叶片，叶片的形状呈长圆柱形。
5. 依照图5的形状做两株。
6. 再用色粉在顶端上色。
7. 将做好的黑王子和虹之玉锦放入陶盘中。

我要去射日！

point

这一组多肉作品做得都比较小，所以大家一定要有耐心啊，尽量将每组多肉都做得漂亮工整。

Cues.

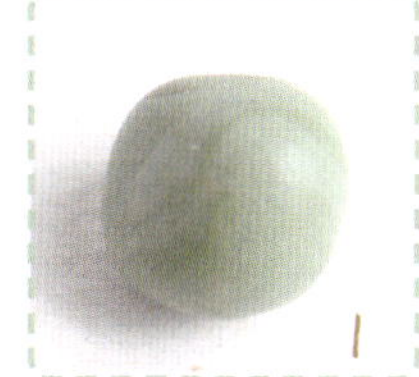

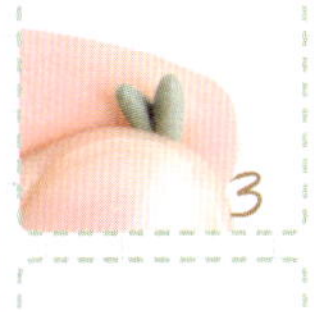

准备工作：

1.绿色软陶 2.色粉

青星美人的制作

1. 准备绿色的软陶。
2. 叶片的层次和数量如图所示。叶片的形状呈勺形。
3-5.组合叶片。
6.用色粉在叶片顶端上色。
7.将制作好的青星美人摆放在陶盘内。

准备工作：

1.绿色、粉色软陶 2.色粉

红唇的制作

1. 将绿色和粉色的软陶制作成如图叶片的层次和数量。
2.叶片细节展示。叶片整体呈圆柱形，上端略窄。
3-4.按照顺序组合叶片。
5.然后用橘红色色粉给叶片上色，顶端上一点红色。制作两组。

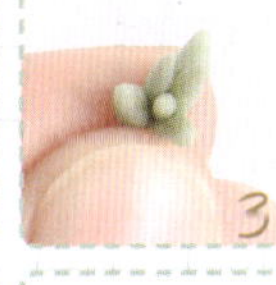

Summary.

point

这里并没有用橘红色制作红唇，是因为它的叶片内还会呈现出一些粉色和绿色的感觉，所以最后用橘红色来上色，就能透出色粉下的颜色，显得层次很多，更加逼真。

太丢人我都看不下去了。

准备工作：

1.砖红色软陶 2.色粉

桃蛋的制作

1-2. 准备砖红色的粘土，然后按照图2的顺序和层次完成叶片的制作，叶片呈水滴形。

3-5. 组合桃蛋的叶片，完成后用橘红色的色粉上色。

6.将制作好的红唇和桃蛋按照图例的位置固定好。

POINT

Summary.

桃蛋、乙女心、虹之玉锦这类多肉的叶片都很类似，都是上端圆嘟嘟的长水滴形。但是它们的颜色变化和叶片组合不同，大家可以多观察真实的植物作为我们制作的指导。

兔耳的制作

准备工作：

1.绿色、黄色、棕色软陶
2.白色毛绒

1.将绿色和黄色的软陶混合，不用特别均匀。

2.然后揉捏成如图叶片。

3-4.按照图例的顺序组合叶片。

5.在叶片顶端用棕色的粘土加尖。

6.将做好的兔耳插入桃蛋和虹之玉锦的中间空隙处。整体放入烤箱烤制。

7.烤制完成晾凉，最后涂上点绸缎光泽的亮光油，作品就完成了。

1

2

3

4

5

6

7

这个迷你多肉拼盘摆件做工比较复杂，涉猎不同种类的多肉，希望大家能够耐心地制作。软陶制品不怕风干，所以如果一次做完太累，大家可以分几次完成。期待你的成品哦！

Point

软陶入烤箱，
100℃10分钟即可。

Summary.

Month	Monday 一	Tuesday 二	Wednesday 三

1 2 3 4
5 6 7 8
9 10 11 12

种子，种子你发芽吧！
——种子钥匙链

P106

许愿只是一种美好
——四叶草蕾丝手链

P110

Thursday
四
Friday
五
Saturday
六
Sunday
日
放着我来！
——捕蝇草耳环
P114
摘野味儿
——蘑菇山楂森系挂坠
P118

种子，种子你发芽吧！——种子钥匙链

10 MONTH 2 DAY

大家好，我是那个觉得种子发芽很神奇的猴子酱。从小吃点什么带种子的水果，甚至是熟了的松子、蚕豆，猴子酱都会把它们种下去，但是从来没有发过芽。你们有过和猴子酱一样的幼稚想法么？今天猴子酱捡到一个橡树种子，又想把它种下去了。

不过在种它之前，还是将我收集的种子都先做成粘土作品，以免日后再也见不到它们了。

准备工作：

1.棕色、黄色、黑色软陶 2.金属配件 3.色粉

橡树种子的制作

1-3.将棕色粘土和黄色粘土混合得出浅棕色，再准备一块棕色粘土。利用浅棕色粘土制作橡树子的鼓肚部分，用刀形工具划出纹理。

4-6.用深棕色制作橡树子顶端的帽。先揉捏成圆片然后做出凹槽，盖在果实的大肚子一端。

7-9.将吸管剪成半个，然后在橡树子的帽上压出鳞片的纹理。

10-12.最后在顶端加上一个柄，将9字针剪短，然后插入柄的顶端。

熟蚕豆的制作

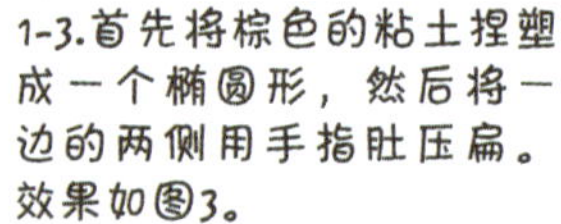

1-3.首先将棕色的粘土捏塑成一个椭圆形，然后将一边的两侧用手指肚压扁。效果如图3。

4-6.用刀形工具在一端压出凹槽。然后在凹槽的位置填充上黑色。效果如图6。

7-8.最后用橄榄绿色的色粉在蚕豆凹下去的部分上色，体现出青色的感觉。再将9字针插入做好的蚕豆顶端。

熟松子的制作

1-3.首先将棕色的粘土捏成三棱锥。然后再用浅棕色制作里面的松子仁，形状呈水滴形。用刀片在三棱锥窄的一端切出切口。

4-5.将切开的口用细节笔撑开，然后在内部用最大号的细节笔压出凹槽来，注意留一定的种子壁厚。然后将做好的松子仁放进去。

6-8.在松子外层刷上一些浅黄色的色粉，在底部插入9字针。

9-10.准备如图金属配件，然后用连接环将配件都串起来。

11.最后将制作好的三枚种子都挂上，放入烤箱烤制。烤制完成后晾凉上亮光油，可爱的种子三兄弟钥匙链就制作完成了。爱吃坚果的朋友不要放过这个作品的制作哦！

point

软陶入烤箱，
100℃20分钟即可。

许愿只是一种美好
——四叶草蕾丝手链

传说对着四叶草许愿，愿望就能成真。猴子酱没有找到四叶草，自己用软陶做了一个四叶草手链算不算啊？那么，现在请从天上掉下来点金币试试！

准备工作：

1.绿色、金色软陶 2.金属配件 3.蕾丝缎带 4.珍珠

1

2

链子的组合

1.按照图例准备配件，花边托盘1个，金属链一条，蝴蝶结吊坠1个，蕾丝缎带1条，马甲扣2个，椭圆形珍珠6颗，球形针6根。花边底托和蕾丝缎带的长度要根据自己手腕的长度来准备。

2.按照图例将蕾丝缎带用马甲扣连接起来，用球形针将椭圆形的珍珠固定在蕾丝花边的边角上，再将蝴蝶结金属链的流苏套在马甲扣的一端。

point

对于首饰材质的搭配，猴子酱喜欢复古铜色和蕾丝珍珠的搭配，佩戴起来感觉有些温度，比较适合温婉自然气质的女孩儿。这款手链中搭配的是椭圆形的珍珠，这种珍珠体形比较长，所以手链会略显小华丽。其实材质搭配是非常有意思的事情，大家做得多了自然会享受其中的乐趣。

四叶草托盘的制作

1-2.将花边底托的中间用金色的软陶铺垫整齐。

3.将准备好的绿色软陶切成5段。

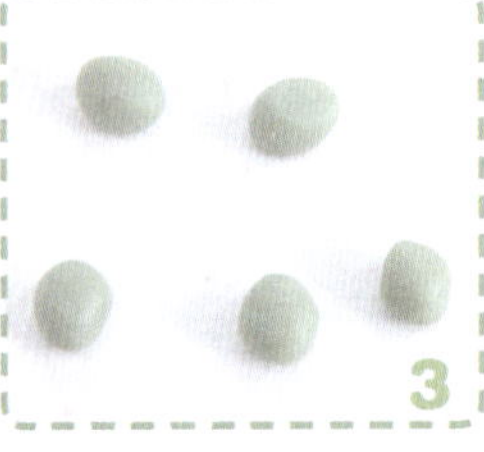

4.开始制作四叶草的叶片。先捏一个椭圆形。

5.用刀形工具在顶端压出一个凹槽，然后用手指整理凹槽两侧成圆形，用手指将下端捏窄，变成心形的尖部。

6.按照4-5的步骤反复制作出另外3个叶片。最后一段粘土制作三叶草的柄。

7.由于制作的是平面作品，所以我们将做好的叶片按照图例的样子、心形的尖对着粘贴在底托的中心靠上。然后将柄粘贴在下方的空隙处。将制作好的三叶草托盘放入烤箱烤制。

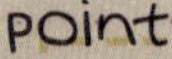

软陶入烤箱，
100℃10分钟即可。

最终的效果，不要忘了给四叶草的部分上亮光油哦！

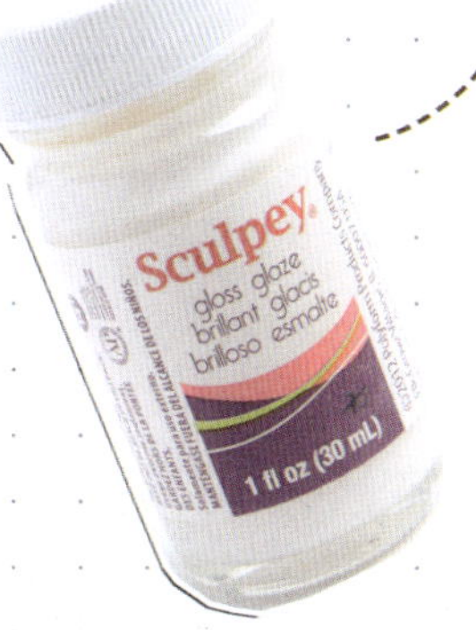

愿望总是美好的，现实总是可笑的。看来不用真的四叶草，猴子酱从天上只收获了一手的鸟屎。咦！快去洗手吧！

放着我来！——捕蝇草耳环

大家好，我就是那个家里有只苍蝇绕梁三日赶不走的猴子酱。一到夏天总会有那么一只搞怪的苍蝇，赶也赶不走，打也打不着。每到这时猴子酱就会找出捕蝇利器苍蝇拍，和小喵两个一起对它围追堵截。怎知苍蝇一年比一年精明，今年这只苍蝇好像读过《孙子兵法》一般，三日了还没打死它。我等累得人困马乏，于是到表哥家搬来“救兵”捕蝇草。哼哼，看你这回往哪里跑！后来这捕蝇草也没逮到苍蝇。苍蝇估计是自己玩得无聊，不知道什么时候趁门窗开着自己溜出去了，果然是成了精。虽然没有捕到苍蝇，可是这个捕蝇草倒是挺好玩的。我于是做一对耳环自娱自乐。爱搞怪，爱玩的朋友可以做一对戴着也挺有趣的。

Cues.

Notes.

准备工作：

1.绿色软陶
2.DIY耳环
3.金属链条

耳环组合的制作

OOPS!

1. 准备这种分体式的DIY耳环。造型不一定和猴子酱的一样，只要觉得搭配有趣就好。

2-3. 取出一段金属链条，将链条套在三角形上面的连接环上待用。

这里猴子酱选择的是三角形搭配水钻的耳环，猴子酱个人认为这样的搭配比较有造型感。大家完全可以根据自己的喜好进行组合搭配。关于艺术创作没有对和错，只要开心就好。

Point

这种金属DIY耳环很常见，大家在网上都能找到。猴子酱平时没事儿的时候就喜欢在上面挑挑选选，喜欢各种形状都买一些，为的是突发奇想要做点什么的时候有东西可以用。如果大家也喜欢研究饰品类的创作，不防在手头上也备一些这样的常用配件。

捕蝇草的制作

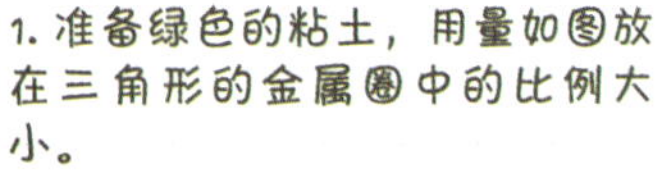

1. 准备绿色的粘土，用量如图放在三角形的金属圈中的比例大小。

2.这一步开始捕蝇草的制作，首先将绿色的粘土揉成蚕豆的形状。

3.然后用刀将中间的部位切割开。

4.图例能看到刀片入肉的深度。

5.从切开的位置将软陶分开。

6.然后用红色的色粉从最内侧向外晕染开来。效果如图。

point

切割锯齿边缘的时候要注意，软陶比较软，所以要保证刀片的锋利程度，这样一次性切开，捕蝇草锯齿才会有干净利索的边缘。

Cues.

Notes

7. 再次加深上色。
8. 用刀片将软陶外延切割出锯齿状。两侧都切割出来。
9. 依照上面的步骤制作一对儿捕蝇草。

10. 然后将9字针剪短，轻轻插入顶端。
11. 将制作好的捕蝇草放入烤箱烤制。

12. 把烤好的捕蝇草晾凉，然后涂上亮光油，和之前的耳环组合在一起，作品就完成了。

Summary.

Point

软陶入烤箱，
100℃10分钟即可。

摘野味儿
——蘑菇山楂森系挂坠

嘿嘿！大家好，我就是那个看电视里吃方便面就立马也想来一碗，看到美丽的人鱼公主就恨不得自己也长条尾巴的“二”得不得了的猴子酱。今天猴子酱又受到了采摘氛围的影响，于是跑出去摘野味儿了。要一起来么？

准备工作：

1. 白色、红色、绿色、棕色软陶
2. 金属配件
3. 色粉

10 MONTH 30 DAY

底托的制作

1. 首先准备棕色的软陶做挂坠的底托。
2. 用七本针工具在上面画出树干的纹理效果。
3. 用毛刷子扫去多余的软陶。
4. 在底托周围用液体软陶作粘合。
5. 然后用七本针挂些绿色的粘土碎末在上面做出青苔的效果。

point

七本针工具制作树木的纹理是十分有效果的，我们只要大写意一般地来回刮动软陶的表面，就会留下自然的纹理。

藤蔓的制作

6.用棕色的粘土揉出两个细条，一头粗，一头细。

7.将两根粘土合并。

8.顺着一边扭转。按照上图的步骤制作两组。

9.将做好的藤蔓缠绕在底托上。

10.另外一侧也缠绕上藤蔓，然后用七本针顺着藤蔓的方向划出纹理。

树叶的制作

11. 用绿色的软陶和刀形工具制作叶片，效果如图。
12. 然后再用橄榄绿色的色粉在表面涂上一层，显得叶子的颜色更加有层次。再用棕色的软陶做一个小枝杈。
13. 将做好的叶子固定在托盘藤蔓的内侧。效果如图。
14. 重复11-12的步骤一共制作3组叶子，粘在藤蔓的内侧。

point

制作这种大自然气息比较强烈的作品，在造型上大家可以不用那么拘谨。叶片的大小和藤蔓的粗细都可以随意一些，不要做得一模一样、粗细均匀，那样反而太不自然。

蘑菇与山楂的制作

1. 用白色的粘土制作蘑菇。首先捏出一大一小的圆形蘑菇顶。然后制作蘑菇柄，蘑菇柄呈椭圆形，下端粗大。

2. 蘑菇顶内侧用刀形工具压出纹理。

3. 将蘑菇顶和柄组合在一起。

4. 做好的大小两颗蘑菇。

5. 用刀形工具把蘑菇从中间切开。

6. 将蘑菇按照图例所示的位置粘贴固定。最后用棕色的色粉笔涂上一些颜色在蘑菇的表面。

7.将蘑菇粘好后，在空隙的部分添加两片大一些的绿色叶片。

8.按照图例所示揉出一些红色的小圆球，按组粘贴在叶片与藤蔓之间作为山楂的果实。

9.将做好的项链坠与金属链条用9字针连接起来，放入烤箱烤制，最后涂上亮光油，漂亮的森系吊坠就制作完成了。

Point

软陶入烤箱，
100℃10分钟即可。

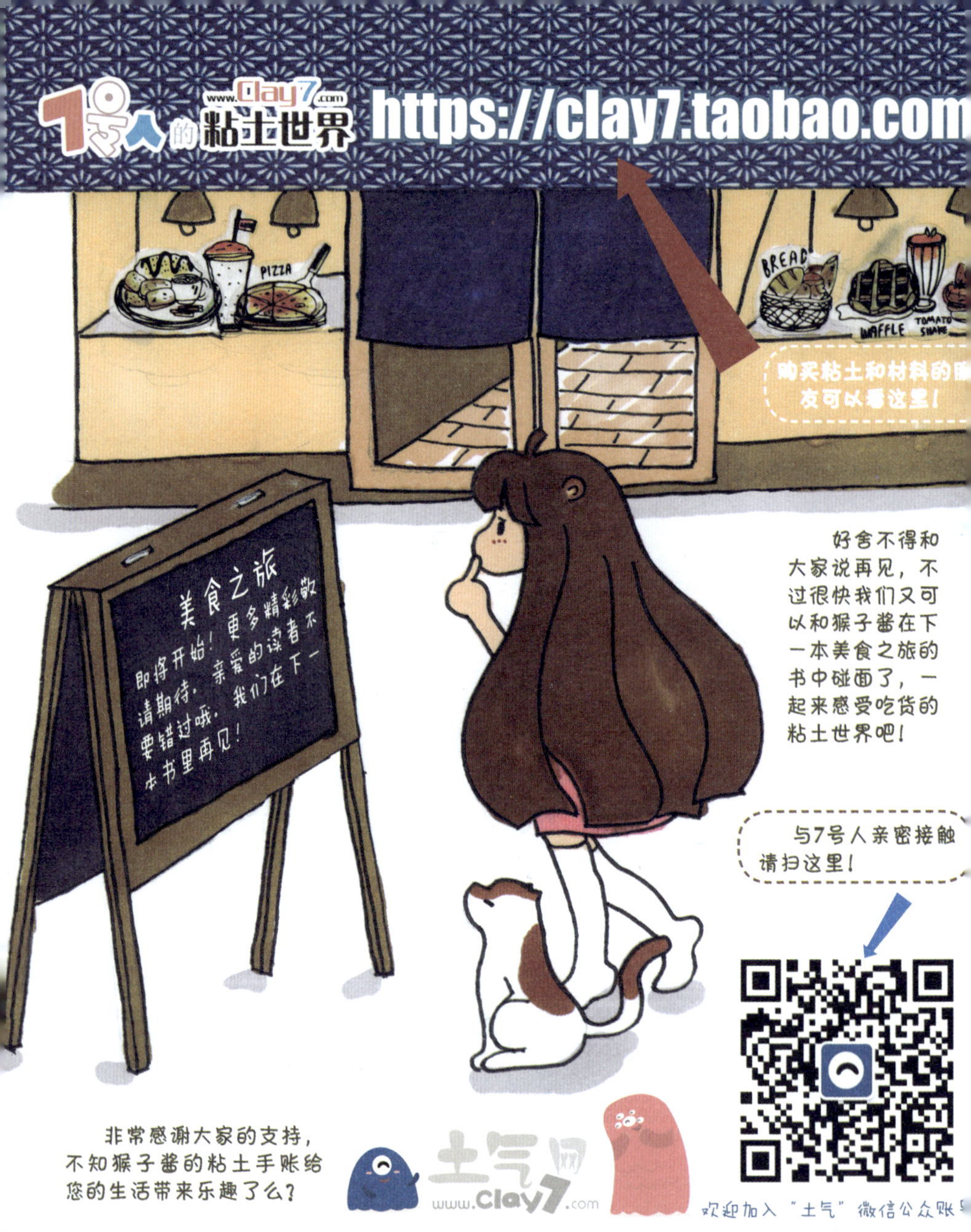

7号人的 www.clay7.com 粘土世界 https://clay7.taobao.com

购买粘土和材料的朋友可以看这里!

美食之旅
即将开始! 更多精彩敬请期待, 亲爱的读者不要错过哦。我们在下一本书里再见!

好舍不得和大家说再见，不过很快我们又可以和猴子酱在下一本美食之旅的书中碰面了，一起来感受吃货的粘土世界吧!

与7号人亲密接触请扫这里!

非常感谢大家的支持，不知猴子酱的粘土手账给您的生活带来乐趣了么?

欢迎加入“土气”微信公众账号